Lind-art®

Welpenerziehung

Gestaltung und Satz: Ravenstein + Partner, Verden
Lektorat: Dorothee Dahl
Titelfoto: Ekard Lind
Fotos: Ekard und Helenira Lind, falls nicht anders angegeben
Druck: agenskketterl Druckerei, Mauerbach

Printed in Austria

ISBN 978-3-86127-745-3

Lind-art®

Welpenerziehung

von Professor Ekard Lind

Welpen richtig fördern,

Mensch-Hund-Harmonie prägen

Geistiger Zügel und sanfte Autorität

Helenira Lind gewidmet

Ekard Lind

Ekard Lind, Ratfels, im September 2007

Aufwärts, abwärts, Stufen: Die neue Wipp-Wapp dient als Multifunktionsgerät.

Über den Autor:

Professor Ekard Lind gilt als einer der interessantesten Wegbereiter moderner Hundeausbildung. Als erfolgreicher Hochschulprofessor, Komponist, Haltungsphysiologe, Pädagoge, Erfinder und erfahrener Hundesportler bringt Ekard Lind einen selten angetroffenen Reichtum an Voraussetzungen mit. Seine Spiel- und Motivationslehre, unter anderem in den Erfolgstiteln *Richtig spielen mit Hunden* und *Mensch-Hund-Harmonie* niedergelegt, wurde unter dem Begriff Lind-art® inzwischen weltweit bekannt. In Linds Büchern, die bisher in fünf Sprachen verlegt wurden, wird Mensch-Hund-Harmonie zur greifbaren Realität, in einer faszinierenden Gültigkeit – gleichermaßen aktuell und zukunftsweisend.

Zu diesem Buch:

Lind-art® -Welpenerziehung erfüllt den oft gehörten Wunsch nach fundierter Praxis in der Welpenerziehung. Spannend und eindrucksvoll begründet, mit zahlreichen Beispielen aus dem caniden Verhalten, vermittelt der Autor die Hintergründe der Prägephase und ihrer erzieherischen Bedeutung. Anstelle von Schubladenlösungen wird der Blick auf die Praxis, auf die „Vielfalt im Wesentlichen" gerichtet. Lind-art® vermittelt Sichtweisen, die einen nicht mehr loslassen. Ein faszinierender Beitrag zur Mensch-Hund-Harmonie aus der Praxis.

Lind-art®- Mensch und Hund im Team

Eine ganz neue, faszinierende Mensch-Hund-Beziehung erreicht Professor Ekard Lind durch Kreativität, Einfühlungsvermögen und zahlreiche neue Methoden. Die Motivationsbereiche werden erstmals nicht nur auf Beute oder Futter beschränkt. Alles, was dem harmonischen Miteinander dient und motiviert, wird eingesetzt: Bewegung und Haltung, Berührung, Mimik, Gestik, Akustik, Futter und Beute. Anstelle von Zwang und Druck lernt der Hund, bis ins Detail, lustvoll und engagiert. Das Ergebnis lässt sich sehen. Mensch und Hund in Harmonie: lachende Hunde, die freudig und hoch motiviert das Letzte geben – als Teampartner des Menschen. Spaß pur – für beide! Die vielen Turniererfolge der Lind-art®-Anhänger sprechen für sich.

Lind-art® :

- setzt neue Maßstäbe in der Hundeerziehung und -ausbildung
- leitet von der Unter-Ordnung zur Ein-Ordnung
- schult vom Hunde-Führer zum Team-Führer

Madeleine Bauer

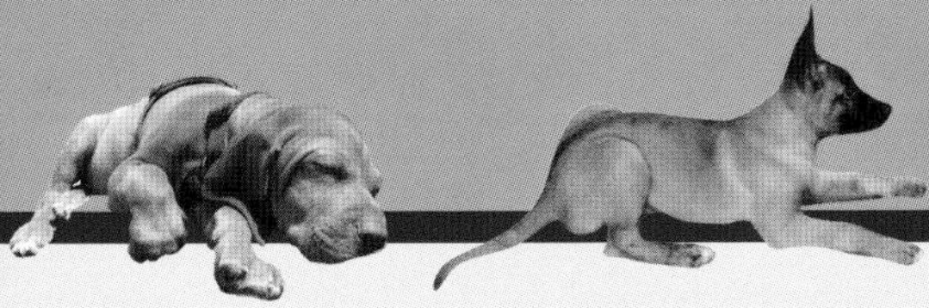

Inhalt

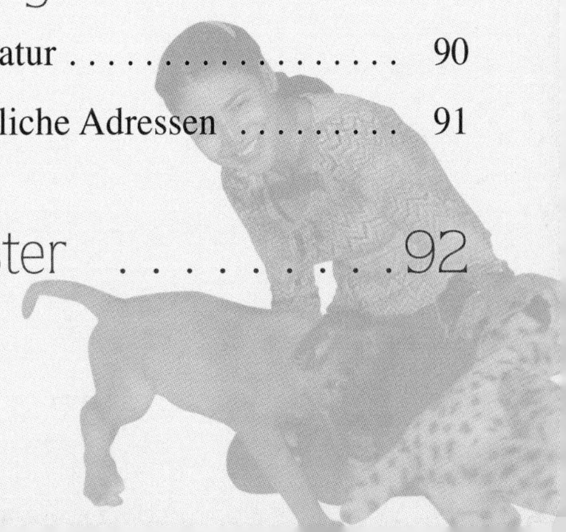

Einführung

Hundefreunde schmelzen dahin, wenn sie Welpen begegnen. Das ist verständlich: Gibt es etwas Schöneres als Hundebabys? So viel Kraft und Hoffnung strahlt aus ihren Augen, so viel Bereitschaft, alles einzusetzen, was ihnen die Natur mitgegeben hat. So viel Wille, ein tüchtiger Erdbewohner zu werden. Wen das nicht anspricht?

Aber neben der Faszination stehen auch Gefahren. Was beim Welpen noch süß und harmlos aussieht, kann in wenigen Monaten schon zur echten Gefahr und zu Problemen heranwachsen.

Daher gilt es, die kostbare Zeit des Welpenalters, die „Prägephase", richtig zu nutzen. Vergessen wir nicht, mit 16 Wochen ist das Gehirn des Hundes nahezu ausgereift. Das, was der Kleine in dieser Zeit nicht erfahren hat, kann, nicht mehr gleichwertig aufgeholt werden.

Aus diesem Grund beschäftigt sich dieses Buch mit all dem, was ein Welpe an Erziehung und Erfahrung erleben sollte. Lind-art®-Welpenerziehung ist ein Praxisbuch. Ein Ratgeber, der Auskunft gibt in vielen Fragen, mit denen der Besitzer eines Welpen tagtäglich konfrontiert wird. Das Besondere daran ist die Sichtweise und das Know-how aus der Lind-art®.

Was ist Lind-art®?

Das Fundament dieser neuen Ausrichtung (nicht Methode!) wird mit der dreifachen Bedeutung des Wortes art beschrieben: *Art* steht einmal für die besondere, zeitgemäße Art und Weise, in welcher der Mensch die Mitgeschöpflichkeit in den Mittelpunkt seiner Mensch-Hund-Beziehung stellt (ethischer Aspekt). Zum anderen verpflichtet *art* zum art-gerechten Umgang mit dem Hund (ethologischer Aspekt), und zum Dritten soll *art*, sprich Kunst, auf die kreativen Möglichkeiten neuer Didaktik und Methodik hinweisen, Mensch-Hund-Harmonie praktisch zu verwirklichen (pädagogischer Aspekt).

Im Gegensatz zu Ausbildungsideologien, welche in der sklavisch-bedingungslosen Unter-Ordnung des Hundes das Ziel sahen (Hund als „Werkzeug in der Hand des Hundeführers"), strebt die Lind-art® das gegenseitige Aufeinander-Eingehen beider TEAM-Partner an, wobei zuerst der Mensch lernen muss, was für das Verständnis und den Umgang mit seinem hundlichen Begleiter erforderlich ist. Lind-art® ist TEAM-Bildung.

Auf diesen Säulen vermittelt der TEAM-Führer Mensch seinem TEAM-Partner Hund anstelle der alten Unter-Ordnung eine neue Form der Ein-Ordnung: einfühlsam und verständnisvoll! Autorität und Rangordnung werden nicht infrage gestellt, aber äußerst subtil, vielschichtig und naturnah interpretiert – und eingebracht. TEAM-Ausbildung verwandelt den Hundeführer zum Teamführer und definiert darüber hinaus hundesportliche Leistung neu: Anstelle betont formal ausgerichteter Beurteilung werden – im Sinne der Mensch-Hund-Harmonie – qualitative Leistungsanteile hervorgehoben.

Aber egal ob man begeisterter Hundesportler ist, sich einen Familienhund oder den persönlichen vierbeinigen Begleiter wünscht: Welpenerziehung ist für jeden Hund und für jeden Welpenbesitzer unersetzlich. Wie gesagt: Beide müssen lernen. Hierzu kann das vorliegende Buch beitragen.

Da jeder Welpe in anderer Umgebung aufwächst, lässt sich keine allgemein verbindliche Erziehungsstruktur formulieren. Daher ist dieses Buch nicht in chronologischen Kapiteln, sondern in 30 offenen Sequenzen aufgebaut, in denen die wichtigsten Punkte der Erziehung und des Spiels dargestellt werden. So lassen sich Inhalte sofort auffinden. Es empfiehlt sich, das Buch zuerst einmal im Ganzen zu lesen und anschließend das nachzuschlagen, was gerade anliegt. Eine sinnvolle Ergänzung hierzu bietet die gleichnamige Doppel-DVD.

Wichtige Zeit von Anfang an

Viele Menschen nehmen Naturvorgänge viel zu selbstverständlich. Sie wissen nicht, wie lange beispielsweise ein Rabe braucht, um bei jedem Wind sicher zu landen. Oder was eine Mutterhündin beim Werfen ihrer Welpen durchsteht. Wer schon einmal eine Nacht durchgewacht und einer Mutterhündin bei der Geburt ihrer Welpen beigestanden hat, weiß, was die Hündin durchmacht. Die Geburten verlangen ihr das Letzte ab, und sie ist danach völlig erschöpft. Man erlebt Bewunderung und Achtung vor der Natur und vor dem Leben. Menschen sind es seit jeher gewohnt, das Leben der Tiere zu manipulieren, leider viel zu oft ohne den nötigen Respekt.

Es ist in mehrfacher Hinsicht lehrreich, wenn wir uns den Werdegang eines Welpen bis zum Tage, an dem ihn abholen, vergegenwärtigen.

Alles selbstverständlich?

Vor meiner Beschäftigung mit Hunden war ich unter anderem in der Forschung im Früherziehungsbereich mit Kindern tätig. Mit großem Erstaunen stellte ich fest, wie viel Ähnlichkeiten die Entwicklungsvorgänge der Kinder und Welpen aufweisen. Beide – Kind und Hund – leben im anthropomorphen Weltbild, was unter anderem besagt: Dinge sind nicht tote Materie, Dinge leben für sie. Beide, Kind und Hund, agieren überwiegend emotional; sie handeln fühlend. Auch höhere Tiere können, wie man heute weiß, entscheiden. Aber sie entscheiden anders als Menschen, sie entscheiden im Zusammenspiel des Ganzen – in Betonung emotionaler Intelligenz. Entscheidungsqualität ist ein Produkt aus Anlage und Umwelteinfluss. Um unsere Kinder für die Herausforderungen des Lebens vorzubereiten, erziehen und fördern wir sie von Geburt an. Genauso selbstverständlich müsste es werden, dass wir die Zeit der Prägung eines Welpen, die Zeit bis zur 14. oder 16. Woche, dafür nutzen, ihm das Nötige zu vermitteln. Alles, was er in dieser sensiblen Phase (Konrad Lorenz) erfährt – ebenso wie das, was er hätte erfahren sollen, was aber ausgeblieben ist –, hat nachhaltige Folgen für sein gesamtes späteres Leben. Erbanlagen auf der einen Seite, Umwelterfahrungen auf der anderen bestimmen, auch für den Hund, die Chancen für seinen Werdegang.

Sensible, auch kritische und optimale Phasen genannt, kennzeichnen Lebensabschnitte, in welchen eine erhöhte Sensibilität gegenüber Lernprozessen besteht. Nicht die Lernvorgänge selbst verändern sich in diesen Phasen, sondern die Lernbereitschaft. Diese nimmt in den sensiblen Phasen zu. Was sich ebenfalls verändert, ist die Speicherung von Gedächtnisinhalten. Die in sensiblen Phasen gespeicherten Inhalte werden dauerhafter gespeichert als Erfahrungen, die vor oder nach sensiblen Phasen gemacht wurden. Sensible Phasen sind auch bei Haushunden nicht gleichmäßig über die Zeit des Lebens verteilt, sondern sie treten vor allem in der frühen Entwicklungszeit auf, also etwa in der Zeit bis zur 14., 15. und 16. Woche.

Es gibt zahlreiche Modelle zur Einteilung der Entwicklungsphasen des Hundes. Abgrenzungen in zeitlich definierte Abschnitte weisen jedoch zwangsweise Fehler auf, denn Entwicklungen treten nicht sprunghaft auf, sondern zeichnen sich durch kontinuierliche Veränderungen aus, wobei genetische und Umweltkomponenten in ständiger Wechselbeziehung zueinander stehen. Auch das, was vorausging, spielt eine Rolle.

Einteilungen sind, sofern sie lediglich als Modelle herangezogen werden, durchaus sinnvoll. Der Anwender kann sich rechtzeitig auf zu erwartende Veränderungen einstellen und vorbereiten. Frau Dr. Dorit Feddersen Petersen nennt das Erfassen von Verhaltensentwicklungen treffend „das Tor zu ihrem Verständnis". Die heute noch vielfach zitierte Aufgliederung geht auf Scott & Fuller (1965) zurück.

Unter Periode versteht man die Wiederkehr des Gleichen. Daher wurde Scotts & Fullers Originalbegriff Periode durch den im vorliegenden Zusammenhang richtigen Begriff Phase ersetzt.

Welpen kommen ziemlich hilflos auf die Welt. Augen und Ohren sind buchstäblich geschlossen. Nahezu alle Aktionen werden durch Reflexe gesteuert. Koten und Urinieren beispielsweise

Die noch winzigen Welpen einer Golden-Retriever-Hündin. (Foto: Helmut Lutterbach)

werden ausgelöst, indem die Mutterhündin Bauch, Anus und Genitalien ableckt.

Die eigene Körpertemperatur der Welpen würde nicht ausreichen. Daher suchen sie permanent die Nähe der Mutter. Eng aneinandergekuschelt und an den Zitzen nuckelnd, spenden sie sich gegenseitig Wärme. 90 Prozent der Zeit schlafen sie. Nach einer Woche etwa beginnen sie ihre Gliedmaßen zu bewegen, sie recken sich und fangen an, kleine Strecken zu krabbeln. Geräusche und Licht können, wenngleich undeutlich und verschwommen, wahrgenommen werden. Nach zwei Wochen sollten die Augen und Ohren geöffnet sein. Die Welpen krabbeln schon munter hin und her, teils auch rückwärts, aber immer noch weitgehend auf dem Bauch. Die ersten Zähnchen kommen heraus. Etwa nach der zweiten Woche stehen die Welpen schon öfter auf und sie gehen ab jetzt einige Schritte stehend auf allen vier Beinen. Die Koordination macht noch Schwierigkeiten, vor allem das Balancehalten. Im Gehen wackeln sie dahin, als ob sie jeden Augenblick umfallen würden, was auch dann und wann passiert. Zwischen der zweiten und dritten Woche beginnen die Welpen, eigenständig zu koten und zu urinieren. Die Mutterhündin sorgt weiterhin für die Entfernung von Kot und Urin, die einfach aufgefressen oder aufgeleckt werden.

Etwa in der dritten Woche treten Welpen in eine neue Phase ein. Die Sinnesorgane sind nun schon

Entwicklungsphasen des Hundes nach Scott & Fuller	
Neonatale Phase (neugeboren)	1. und 2. Woche
Transitive Phase (Übergang)	2. und 3. Woche
Sozialisierungsphase (Sozialisation)	3. bis 12. Woche
	(Höhepunkt 6. bis 8. Woche)
Junghundphase	bis zur sexuellen Reife
Reifungsphase	Ausreifung

gut ausgebildet und bilden die Basis für das Erkunden der Umwelt (Exploration). Die Welpen gehen auf ihre Umwelt zu, neugierig, mutig und erwartungsvoll. Zur gleichen Zeit beginnen sie, mehr und mehr auch gegenseitig Kontakt aufzunehmen und gemeinsam zu spielen. Sie erkunden ihre nächste Umgebung, vornehmlich ihre Wurfkiste. Manche streben schon hinaus in die „freie Welt“ – außerhalb der gewohnten vier Wände. Sie beginnen, kurze Strecken zu laufen, wobei sie immer wieder umfallen. Auch Hopser und Balgen sowie erste Beißspiele kann man beobachten. In der dritten bis zwölften Woche lernen die Welpen untereinander und mit der Mutter die Beißhemmung. Nach meinen Beobachtungen ist es von ausschlaggebender Bedeutung, parallel zum innerartlichen Beißhemmungslernen die Beißhemmung dem Menschen gegenüber zu üben: durch aktive Hand- und Fangspiele (EL 1999). Doch davon später.

Zwei Wochen später kann man schon deutliche Unterschiede in der Entwicklung der Motorik und im sozialen Verhalten beobachten. Bewegungskoordinationen werden besser, der Kleine beschäftigt sich jetzt auch mehr mit Menschen, lernt sie zu unterscheiden und auf ihre Stimme zu achten. Die erzieherischen Maßnahmen der Mutterhündin werden prägnanter und intensiver. Der Kleine muss sich unzählige Male am Tag

Augen und Ohren bleiben etwa zwei Wochen geschlossen. (Foto: Helmut Lutterbach)

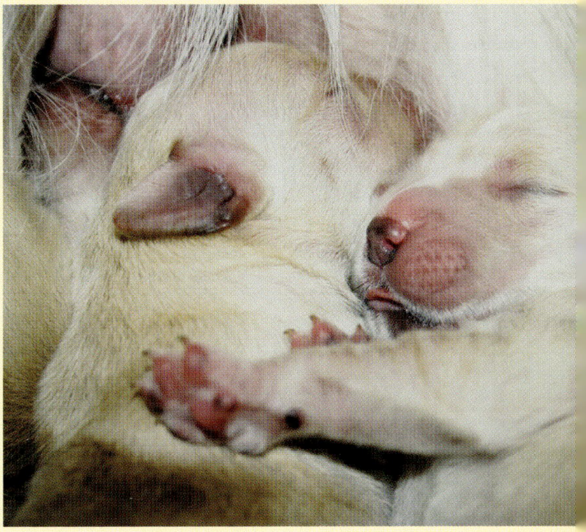

Aufforderungsgeste der Mutterhündin zum Spiel.
(Foto: Ute Hamann)

unterwerfen, um so seine Akzeptanz gegenüber seiner Mutter zu demonstrieren. Für dieses Verhalten habe ich den Begriff rituale Unterwerfung geprägt. Wir gehen auf diesen Vorgang in der Sequenz Autorität noch näher ein. Ab der sechsten Woche (Sozialisierungsphase) lernen Welpen (durch Nachahmung) zahlreiche neue Sozialverhaltensweisen, unter anderem die Begrüßung sowie viele andere Kommunikationen. Das Aussenden der Signale ist angeboren, das Produzieren der Signale muss erlernt werden!

In der sechsten bis achten Woche ist das erste Gebiss (Milchzähne) ausgebildet. Mit der achten Woche treten die ersten Angstreaktionen auf. Das fällt genau in jene Zeit, in der die meisten Welpen von ihren neuen Besitzern abgeholt werden. Mit ein Grund, weshalb einige Ethologen die neunte oder gar zehnte Woche als Abholtermin favorisieren. Es liegt auf der Hand, dass bei einem Abholtermin von acht Wochen oder gar weniger – bei unfachgerechter Erziehung – schwerwiegende Probleme riskiert werden. Allein schon die unvermeidliche Autofahrt kann, wenn sie just in die Angstphase fällt, zum Fiasko werden.

Es gibt leider keine ideale Zeit für die Welpenübergabe. Jeder Übergabetermin hat Vor- und

Nachteile. Daher ist es so wichtig, die Besonderheiten der Welpenentwicklung – vor allem im Übergabezeitraum von der achten bis zehnten Woche – gut zu kennen.

In der zehnten bis zwölften Woche stabilisiert sich der Welpe wieder. Angst tritt mehr und mehr in den Hintergrund und er wird zusehends selbstsicherer. Die Sozialisierungsphase hat er weitgehend abgeschlossen. Nebenbei: Der Begriff Sozialisierungsphase darf nicht zur Annahme verleiten, nach 16 Wochen sei die Sozialisierung abgeschlossen. Der Hund ist ein Leben lang auf sozial orientierte Lernvorgänge angewiesen. Aber die wichtigsten und vor allem bleibenden Eindrücke finden zweifelsfrei innerhalb der Prägephase statt. Wenn der Welpe in dieser Zeit schlechte Erfahrungen mit Artgenossen macht, so wird das mit großer Wahrscheinlichkeit nachhaltige, genauer gesagt lebenslange Auswirkungen haben – mitunter irreversibel (nicht umkehrbar) sein.

Die wenigen Wochen bis zum Auslaufen der Prägephase müssen möglichst genutzt werden. Der Kleine sollte mit allem, was in seinem späteren Umfeld zu erwarten ist, vertraut gemacht werden. Auch das, was er später nicht darf oder soll, ist in der verbleibenden Zeit zu vermitteln. Denn was in der Prägephase erlaubt ist, kann man später nur noch unter Schwierigkeiten verbieten.

Spätestens in der 16. Woche läuft die Prägephase aus. Bei vielen Welpen ist sie bereits mit 14 Wochen zu Ende. Der typische Welpengeruch hat sich verflüchtigt, die Zähne fangen an zu wackeln; manche fallen von allein heraus. Jetzt braucht der Kleine übrigens viel Gelegenheit zum Kauen.

Der 13 Wochen alte Cockerspaniel steht schon kurz vor dem Ende seiner Welpenzeit. Der Welpengeruch ist kaum noch wahrnehmbar, seine Selbstsicherheit hat aber deutlich zugenommen.

Schäferhundwelpe in der achten Woche.

Vorbereitungen

Im Idealfall hat sich der Welpeninteressent schon vor dem Kauf genau überlegt, ob er überhaupt bereit und in der Lage ist, die vielen Mühewaltungen, die ein Hund erfordert, einzubringen. Und er hat sich beraten lassen, welcher Hund für ihn geeignet ist und welcher nicht. Und er weiß, dass Modemotive die schlechtesten Ratgeber sind. Wer noch am Überlegen ist, möge sich in der Fachliteratur und durch persönliche Beratung informieren. Wenn es sich irgendwie machen lässt, sollten Sie Ihre beruflichen und privaten Verpflichtungen lange vor dem Abholen Ihres Welpen vorausplanen. Richten Sie es ein, dass Sie möglichst viel Zeit mit ihm verbringen können. Ideal wäre, Urlaub zu nehmen. Genießen Sie die Welpenzeit. Sie ist etwas außergewöhnlich Schönes und Spannendes – und geht viel zu schnell vorbei.

Auch Gefahren gilt es zu bedenken, und die entsprechenden Maßnahmen trifft man am besten, bevor der Kleine ins Haus kommt. Der Vergleich zu Kindern liegt nahe. Auch Welpen sind unberechenbar und stellen alles Mögliche (und Unmögliche!) an. Die traurige Bilanz: Jährlich sterben viele Welpen an den Tücken der modernen Umwelt.

Wenn möglich, sollte man den Welpen vor dem Abholen ab und zu besuchen.

Mögliche Gefahren für Welpen:

- Quietschspielzeug (Verschlucken der Pfeife)
- Tennisbälle (die gelbe Farbe ist leberschädigend und die Oberfläche wirkt auf die Zähne wie Sandpapier)
- Uneingezäunte Hofeinfahrten und Grundstücke
- Herumliegende Schnüre und Bänder
- Treppen, Treppenabgänge
- Lichtschächte
- Bäche
- Elektrokabel und Elektrogeräte
- Giftige Zimmer- und Gartenpflanzen
- Düngemittel
- Putzmittel und andere Chemikalien
- Rattengift
- Lacke
- Kleinteile (Büroklammern, Rasierklingen und Ähnliches)

Schächte wie dieser können gefährlich werden.

Manche Züchter scheuen keinen Aufwand, um für ihre Welpen das Beste zu bieten. Hier eine Gangway zur Pfützchenwiese, um Treppengehen zu vermeiden.

Giftpflanzen
(hier werden nur einige genannt)*

- Azalee
- Efeu
- Eibe
- Fliegenpilz
- Goldregen
- Knollenblätterpilz
- Thuja
- Tollkirsche
- Oleander
- Rhododendron

Der Fliegenpilz sieht schön aus, ist aber hochgiftig. (Foto: Benno Bös)

Da gleich bei der Ankunft des neuen Hausmitgliedes die Stubenreinheit trainiert werden sollte, suchen erfahrene Hundehalter nach Möglichkeiten, den Hund auch in der Nacht neben sich liegen zu lassen, um auf kurzem Weg zur Pfützchenwiese zu gelangen. Manche siedeln die ersten Tage ins Gartenhaus um oder, wo vorhanden, in

**Mehr über Giftpflanzen erfahren Sie im Cadmos-Buch mit dem Titel* Was mein Hund nicht fressen darf

einen Raum im Parterre. Und wenn der Kleine im neunten Stock eines Hochhauses leben wird? Hier wird man nicht umhinkommen, sich für die erste Zeit ein aufsaugendes Hundeklo zu besorgen. Man sieht, auch in diesem Punkt gibt es je nach Lebensumständen einiges vorzubereiten.

Ob der Kleine ins Bett darf? Ein viel diskutierter und umstrittener Punkt. Die „Dunkelziffer" dürfte hoch liegen... Wenn Sie es ihm anfangs erlauben, bekommen Sie später sicher ein paar Probleme. Auch unter Hunden gilt: Privilegien gibt man nicht so ohne Weiteres wieder her. Ich würde dem Kleinen anfangs neben dem Bett ein Welpenkörbchen vorbereiten. Mindestens so lange, bis er stubenrein ist.

Demolieren: Welpen nagen so ziemlich alles an, ohne Rücksicht auf Material und Wert. Bevor der Kleine ins Haus kommt, sollten Sie nochmals einen Rundgang machen und alles, was gefährlich sein könnte, sowie alles, was Ihnen wertvoll ist, entsprechend absichern: Stellen Sie giftige Pflanzen und kostbare Gegenstände in unerreichbare Höhe oder verstauen Sie diese an sicheren Orten. Genauso wichtig wie Absicherung ist Beschäftigung: Wenn Sie mit dem Welpen in den Wachphasen viel spielen, dann ist die Gefahr des Anknabberns der Tisch- und Stuhlbeine erheblich kleiner. Ja, und dann haben wir noch die beiden Spieltücher (Zerri), die wir immer mitführen und womit wir den Welpen ablenken können, wenn er seine Nageexperimente durchführt. Doch davon später. Vergessen wir nicht, Langeweile ist die häufigste Ursache für „Demontagen". Vorsorge ist besser als Schimpfen! Sorgen Sie vor durch Spiel, Auslauf oder durch einen Kauknochen.

Ausrüstung

Die Grundausrüstung sollte man besorgen, bevor man den Welpen abholt. Brustgeschirr, Halsband und Leine kaufen Sie besser erst, wenn der Kleine schon zu Hause ist, denn er sollte bei der Anprobe dabei sein.

Das Ruhelager sollte der Größe des Welpen angepasst sein. Es sollte leicht zu reinigen sein und an einem ruhigen, zugfreien Ort aufgestellt werden, wohin sich der Kleine zurückziehen kann. Wegen des schnellen Wachstums darf es auch ein wenig größer ausfallen. Die Industrie bietet eine Vielfalt von Lagerplätzen an. Etwas Besonderes sind Lager, die wie eine Höhle gestaltet sind: rundum und oben geschlossen, nur vorn mit Eingang. Hunde lieben es, sich in eine höhlenartige Behausung zurückzuziehen. Dort fühlen sie sich deutlich sicherer, und dies trägt zu entspanntem Ruhen und zur allgemeinen Ausgeglichenheit bei. Auch Zugluft, unangenehme Lichteinflüsse sowie Lärmeinwirkung werden auf diese Weise vermieden.

Was der Kleine noch braucht, ist eine Box. Ob Sie sich für eine Gitterbox, Flugbox oder ein anderes Design entscheiden, hängt vom Einsatz ab. Auf Autoreisen bietet die Box den Vorteil, dass der Hund gut aufgehoben ist und nichts zerstören kann. Zu Hause dient die Box zum kurzzeitigen Verwahren. Zum Beispiel wenn Sie staubsaugen oder mal schnell zum Nachbarn rübermüssen. Leider ist es oft so, dass dem Kleinen ausgerechnet diese eine Minute Alleinsein ausreicht, um alles Mögliche anzustellen oder sich in Gefahr zu bringen.

Für ganz kurze Strecken und Zeiten hat sich auch eine kleine, fahrbare Katzenbox bewährt.

Katzenboxen sind deutlich billiger, obwohl sie oft nicht kleiner sind als kleine Hundeboxen. Bitte lehnen Sie die Box nicht ab! Man vermenschlicht den Hund, wenn man die Box als „Dunkelhaft" interpretiert.

Als Futter empfiehlt sich, zunächst das gleiche Futter zu verwenden, das der Züchter gegeben hat. In der Regel gibt der Züchter ein kostenloses Startpaket mit, das sein Futterhersteller sponsert. Nach der Eingewöhnungsphase können Sie auf das Futter Ihrer Wahl umstellen. Bei Futter- und Wasserschüssel sollten Sie nicht sparen. Plastikschalen halten nicht lange, werden angebissen und lassen sich nach kurzer Zeit kaum noch reinigen.

Zur Pflege benötigen Sie eine Bürste und einen Striegel, eine Krallenschere sowie Ohr- und

„Höhlenlager" sind bei Hunden besonders beliebt.

Das Lager sollte der Körpergröße des Welpen entsprechen.

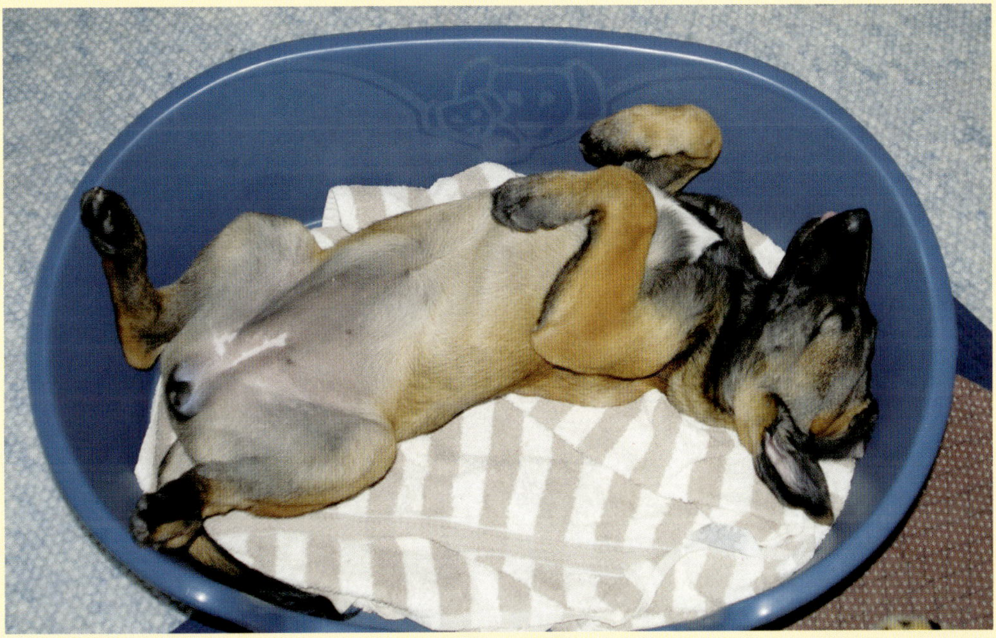

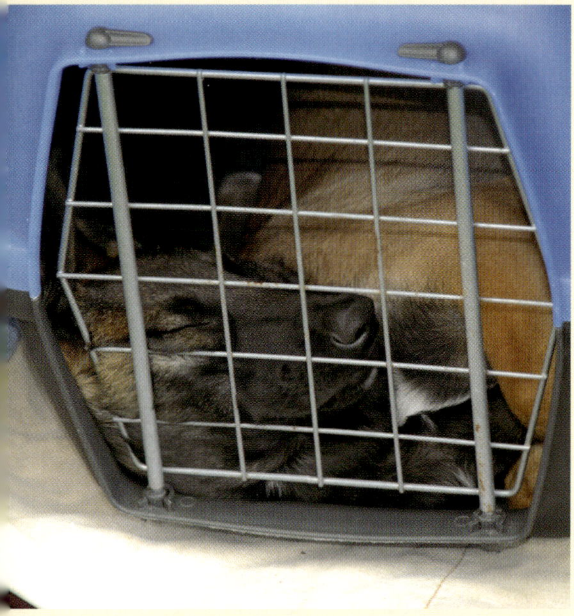

Wenn der Hund nicht lange warten muss, eignet sich auch eine Katzenbox.

Ja, und dann braucht der Kleine unbedingt Spielsachen. Wir nennen sie Motivationsobjekte (kurz MOs genannt). Die Auswahl ist groß. Leider gibt es unter den Tausenden von Angeboten relativ wenig, was wirklich durchdacht und erprobt ist. Die Vermenschlichung treibt Blüten bis zur Geschmacklosigkeit und zum offenen Verzicht auf Achtung vor dem Leben. Man hat den Eindruck, der Großteil der Spielsachen wird für den Hundehalter gekauft, nicht für den Hund. Motivationsobjekte sind speziell für den Hund entwickelt und für das gemeinsame Spiel Mensch-Hund erprobt. MOs sollte man sorgfältig aussuchen. Lassen Sie sich von einem erfahrenen Züchter oder Trainer beraten. Hier die wichtigsten Kriterien eines hundetauglichen MOs:

So sollte ein hundetaugliches Motivationsobjekt beschaffen sein:

- biologisch funktionell (artgerechtes Agieren möglich)
- weitgehend sicher (für Hund und Mensch)
- stimulierend
- geeignet für freie Spiele und Lernspiele
- funktionell (für den Menschen leicht zu handhaben)
- hygienisch (unter anderem leicht zu reinigen)
- haltbar

Zahnputzzeug. Sie haben richtig gehört: Man sollte dem Hund in regelmäßigen Abständen die Zähne reinigen. Wenn er das als Welpe nicht gelernt hat, wird er sich diese Prozedur später kaum noch gefallen lassen. Das Gleiche gilt für das Reinigen der Ohren. Verwenden Sie nicht die normalen, schmalen Wattestäbchen, sondern die speziell für Hunde hergestellten Ohrentabs. Diese sind wesentlich dicker und verhindern Verletzungen. Ein weiteres nützliches Utensil ist ein eingezäunter Welpenfreilauf, ebenfalls im Fachhandel erhältlich. Zur Not und wenn der Hund nur kurze Zeit alleine bleiben muss, reicht auch ein ausgedienter Kinderlaufstall. Diesen müssten Sie wahrscheinlich mittels Netz oder Gitter hundegerecht umwandeln.

Als Beispiel sei hier das von mir entwickelte Puppy-Egg angeführt. Das Ei ändert beim Kullern ständig seine Silhouette, sodass der Eindruck der Lebendigkeit entsteht und relativ lange aufrechterhalten bleibt. Es rollt in unvorhersehbare Richtungen, und wenn man es auf den Boden wirft, macht das Puppy-Egg Sätze, die man nicht erwarten würde. Das Ei bietet drei verschiedene Anbissmöglichkeiten: außen ein dünner Zylinder, gegenüberliegend außen ein dickerer Zylinder und die dicke Mitte. Gleichzeitig bietet das jeweils freie Ende dem Spielpartner Mensch die Gelegenheit gegenzuziehen. So findet jeder Hund die für sein Temperament geeignete Anbissfläche. Das Puppy-Egg eignet sich hervorragend für gemeinsame Spiele. Klar, dass wir ein derart tolles MO dem Hund nicht allein überlassen. Auch wenn er allein damit spielt, sind wir in der Nähe und beobachten ihn. Nach dem Spiel wird das MO sofort und unerreichbar weggeräumt.

Das Puppy-Egg wurde speziell für Welpen entwickelt – Es eignet sich für Solitär- und interaktive Spiele gleichermaßen.

Checkliste Ausrüstung
Mindestausrüstung
(Kosten: ungefähr 150 Euro):
- Schlaflager
- Welpenfutter
- Fress- und Trinknapf
- Brustgeschirr
- 1,5 Meter Welpenleine
- Pflegeset
- Motivationsobjekt
- Buch- und Lehr-DVD Lind-art®-Welpenerziehung

Empfohlene Welpenausrüstung
(Kosten: ca. 370,00 Euro mit großer Box):
- Schlaflager
- Zweitlager (mobil)
- Welpenfutter
- Fressnapf
- Trinknapf (steht ständig bereit)
- Brustgeschirr
- Halsband
- 1,5 Meter Welpenleine
- 5 Meter lange Aufrollleine
- Pflegeset
- Motivationsobjekt (Gummi und für Solitärspiel, zum Beispiel Puppy-Egg)
- zwei weiche, identische Zerrtücher (zum Beispiel Zerri)
- große Box für den erwachsenen Hund (Kosten: ungefähr 100 Euro)
- kleine Tragebox (Katzenbox)
- Buch- und Lehr-DVD Lind-art®- Welpenerziehung

Abholen

Das Abholen sollte gut geplant werden. Im Idealfall haben Sie den Kleinen schon einige Male besucht. Schreiben Sie sich Ihre Fragen an den Züchter vorher auf. Oft vergisst man im Eifer der Begegnung das Wichtigste. Denken Sie daran, beim Abschied die Papiere und den Impfpass mitzunehmen.

Lassen Sie sich zur Sicherheit von Ihrem Tierarzt zur Beruhigung des Welpen ein Medikament oder Bachblüten mit auf die Reise geben. Es ist ratsam, dem Welpen am Tag des Abholens einige Stunden vorher kein Fressen zu geben. Ein voller Magen kann auf der Reise zu Erbrechen führen. Wenn der Welpe beim der Züchter bezüglich des Autos noch nicht desensibilisiert wurde, sollten Sie es bei Ankunft, gemeinsam mit dem Züchter, nachholen. Am besten mit mehreren Geschwistern und der Mutterhündin: zuerst ohne Motor. Anschließend, wenn keine Befangenheit erkennbar ist, mit Motor, dann ein Stückchen fahrend. Lassen Sie sich Zeit!

Vor der Abfahrt spielen Sie mit dem Hund, bis er richtig müde ist und einschläft. Das ist der günstigere Zeitpunkt für die Abfahrt, als wenn er gerade aufwacht. Wenn Ihnen der Züchter anbietet, etwas aus der Zuchtstätte mitzunehmen, das nach den Wurfgeschwistern und der Mutter riecht, sollten Sie annehmen. Die Fahrt selbst ist für viele Welpen kein Problem. Das sanfte Schaukeln, das gleichförmige Motorgeräusch beruhigt die meisten. Aber es gibt auch Ausnahmen, und bei manchen Welpen schaukeln sich Angst und Hilflosigkeit auf. Dann sind Sie froh, wenn Sie ein Medikament zur Hand haben.

Suchen Sie im Auto einen Platz, wo er, falls eine starke Bremsung erforderlich ist, nicht herumgeschleudert wird. Ein guter Platz ist zu Füßen des Beifahrers. Wenn er dort in einem Körbchen liegt, kann er bei starkem Bremsen nicht weiter vorrutschen. Gleichzeitig haben Sie die Möglichkeit, immer wieder mal zu streicheln oder auch nur zu berühren. Legen Sie ausreichend oft Pausen ein.

Der erste gemeinsame Ausflug auf einem Parkplatz bringt einige Gefahren mit sich: Bedrängen durch herumlaufende Hunde, allerlei Unrat oder unfreundliche Menschen. Suchen Sie sich ein gutes, sauberes Plätzchen auf einem geeigneten Rastplatz. Nehmen Sie den Kleinen an die Leine und lassen Sie ihn nicht aus den Augen. Widerstehen Sie der Versuchung, den Kleinen zu sich herzuziehen oder schon ein <Komm> von ihm zu wollen. Das alles muss er erst lernen. Genau genommen ist es auch falsch, den Kleinen unvorbereitet mit der Leine auszuführen. Aber beim Abholen geht es nicht anders. Seien Sie bitte betont vorsichtig, und lenken Sie den Kleinen von Leine und Brustgeschirr so gut es geht ab, durch Laufen, mit Leckerli oder anderen Zuwendungen.

Es ist soweit, der Kleine zieht um.

Bei Flugreisen ist noch etwas mehr Aufwand erforderlich. Stellen Sie sich vor, der Kleine hört in der Maschine nicht mehr auf zu winseln oder zu bellen, und zum Abschluss macht er dann noch auf den Sitz. Eine Flugreise sollte, gemeinsam mit dem Züchter, besonders gut vorbereitet werden. Das heißt, der Züchter muss Ihnen einiges abnehmen. Möglich, dass er hierfür zusätzlich etwas verlangt. Das wäre nicht unfair! Der Kleine sollte schon beim Züchter mit der Hunde-Reisetasche oder der Katzenbox vertraut gemacht werden, am besten schon eine Woche zuvor in kleinen Schritten und nicht erst einen Tag vor dem Abflug. Statten Sie die Reisetasche oder die Box so aus, dass Sie gewappnet sind, falls der Kleine Pfützchen oder Häufchen macht. Aufsaugmaterial, Reinigungstücher, eine luftdichte und vor allem geruchssichere Plastikbox für die Hinterlassenschaften gehören ebenso wie eine Reiseapotheke mit ins Handgepäck.

Eingewöhnen

Zu Hause angekommen, darf erst einmal der Kleine bestimmen, was gemacht wird. Will er gleich sein neues Revier erkunden, dann gehen Sie darauf ein; will er schlafen, dann lassen Sie ihn. Achten Sie darauf, dass sich die Ersterfahrungen in seiner neuen Umgebung frei von Disstress (schädliche Form des Stresses) gestalten. Oft werden Welpen von der ganzen Familie beim Ankommen förmlich überfallen. Jeder will ihn streicheln und mit ihm spielen. Piano pianino! Zu viele Eindrücke in kurzer Zeit können schaden. Geben Sie ihm Zeit, das neue Zuhause nach und nach kennenzulernen. Begleiten Sie ihn, je nachdem, wie viel Beistand er benötigt, aus mehr oder weniger Distanz. Begleiten Sie ihn in den Garten, über den Hof, ins Haus und so weiter. Zeigen Sie ihm in den nächsten Tagen die verschiedenen Räume (wo er hineindarf) und überhaupt alles, was es Besonderes bei Ihnen zu Hause gibt. Vorsicht! Ständiges Gängeln und Manipulieren behindern seine Exploration! Lassen Sie ihn weitgehend selbst entdecken. Führen Sie ihn sanft: begleitend geleitend. Der bessere Pädagoge ist der Begleiter, nicht der Leiter. Vermitteln Sie ihm in den ersten Tagen den Lebensrhythmus Ihrer Familie.

Zeigen Sie ihm, wenn er müde wird, sein Schlaflager, und geben Sie ihm das Futter an seinem Fressplatz. Führen Sie ihn hinaus auf seine Pfützchenwiese (sofern eine vorhanden ist), und loben Sie ihn, wenn er Wasser lässt. Für die ersten Tage steht das Eingewöhnen im Vordergrund. Widerstehen Sie der Versuchung, dem Kleinen gleich <Sitz> oder <Platz> beizubringen!

Zeigen Sie dem Welpen so bald wie möglich seine „Pfützchenwiese", und loben Sie ihn überzeugend, wenn er sich dort löst.

Zum Eingewöhnen gehört auch das Pfützchen- und Häufchenmachen. Wenn man es richtig anstellt, ist der Kleine in wenigen Tagen stubenrein. Beobachten Sie Ihren Welpen. Bedürfnisse kündigen sich an: durch zunehmende Unruhe, suchendes Umhergehen und durch die Rutenhaltung. Der Kenner sieht am After, wenn der Kleine Kotdrang hat. Vieles spielt sich in Rhythmen ab: Nach dem Aufwachen, nach dem Fressen oder Spielen müssen sich Welpen meistens lösen. Kommen Sie zuvor und gewöhnen Sie sich an, nach dem Aufwachen, Spielen oder Fressen den Kleinen hinauszulocken oder gegebenenfalls auch hinauszutragen. Durch das Hochheben wird das Urinieren für kurze Zeit blockiert. Wer im neunten Stock eines Hochhauses lebt, hat ein Problem. Bis er den Kleinen mit dem Lift hinuntergefahren hat, ist das Malheur meistens schon passiert. Hier empfiehlt sich eine Katzen- oder Hundetoilette, bestehend aus einer wasserdichten Wanne und saugfähigem Vlies. Ob Wiese oder Vlies, das Konditionieren auf den gewünschten Ort bleibt uns nicht erspart. Welpen, die ihre Aufzuchtzeit auf Stein oder Beton verbracht haben (Großzwingeranlagen), brauchen meist etwas länger, die Wiese als Lösungsort anzunehmen. Sie waren es gewohnt, sich auf dem Stein zu lösen.

Die ersten vier Tage entscheiden oft über Erfolg oder Misserfolg Ihrer Bemühungen. Wenn es gelingt, kein einziges Pfützchen und Häufchen im Haus abzusetzen, stehen die Chancen gut, dass der Kleine in wenigen Tagen stubenrein wird. Eine einzige Nachlässigkeit kann sich rächen. Stellen Sie sich in der Nacht den Wecker, und zwar im individuellen Intervall Ihres Welpen. Dieses kann, je nach Rasse und Individuum, bei einem acht Wochen alten Welpen zwischen zwei und fünf Stunden liegen. Einige Welpen schlafen von Anfang an durch. Aber das sind Ausnahmen. Wenn Sie, wie weiter oben beschrieben, den Kleinen neben sich haben und wach bleiben, wird es Ihnen nicht entgehen, wenn er aufwacht. Es empfiehlt sich, die erste Schlafphase mit aktiver „Nachtwache“ zu verfolgen. Wacht er auf, so heißt es: schnell reagieren! Raus aus dem Bett und hinaus mit dem Hund. Jetzt kennen Sie das Intervall und Sie können in der Folge den Wecker stellen.

Schlaf – Zuwendung – Spiel – Fressen

Wenn wir den Welpen richtig verstehen und fördern wollen, müssen wir seine Bedürfnisse kennen. Am wichtigsten ist Geborgenheit. Geborgenheit umschließt alles, was er als Hund braucht – ein Rudel, Angenommensein, Sicherheit, Zuwendung, Liebe, Versorgung und Anerkennung. Was ergibt sich daraus für uns? Nun, wir sind sein Rudel, und wir müssen ihn zunächst einmal so annehmen, wie er ist. An uns liegt es, ihm das Gefühl der Sicherheit, Zuwendung und Liebe zu vermitteln. Und wir müssen für das, was er zum Leben braucht, sorgen: Sozialkontakte, Fressen, Trinken, Ruhe und Aktivität, Pflege und, nicht zu vergessen, gemeinsames Spiel und Erziehung. Ohne Spiel würde der Kleine verkümmern, und ohne Erziehung wäre er orientierungslos unglücklich.

Schlaf

Der Welpe braucht viel Schlaf. Aktivitätsphasen sind mit acht Wochen noch relativ kurz. Manche

Nicht stören: Welpen brauchen viel Schlaf!

Welpen zeigen nach 30 Minuten schon Ruhebedürfnis an (rassebedingt unterschiedlich). Der Wechsel von Aktivität zur Ruhe scheint oft geradezu besorgniserregend. Soeben noch hat der Kleine das Letzte gegeben, um einen Tuchzipfel zu bändigen, in der nächsten halben Minute sinkt er zusammen und schläft auf dem Tuch ein. Das ist normal und kein Grund zur Sorge.

Wichtig ist, dass man die Aktivitäts- und Ruheperioden erkennt und akzeptiert. Leider werden Welpen oft in unvernünftiger Weise in Beschlag genommen, nicht selten von mehreren Familienmitgliedern, einschließlich Kindern und Kleinkindern. Wenn dann das eine Kind genug hat, kommt das andere Kind dran, und zum Schluss dann noch der Papa. Und der Welpe, für lange Aktionen biologisch noch nicht reif, soll ununterbrochen mitmachen. So werden Welpen in die Enge getrieben. Derartige Überforderung kann ernste Folgen nach sich ziehen. Welpen sind kein Spielzeug, sondern Lebewesen mit ernst zu nehmenden Bedürfnissen.

Zuwendung

Der Kleine braucht viele Streicheleinheiten. Zeigen Sie ihm Ihre Zuwendung, und zwar so, dass er es spüren kann. Aber zwingen Sie ihm nicht ständig vermenschlichte Zuneigungsformen auf. Und respektieren Sie, wenn er in Ruhe gelassen werden will. Kommen Sie mit den Händen nicht frontal auf ihn zu. Bei Hunden liegen die Augen, anders als beim Menschen, seitlich, deshalb irritieren ihn frontale Annäherungen. Besser ist es, wir nähern die Hand von der Seite an, und zwar nicht zu schnell, und beginnen erst dann, ihn zu streicheln. Streicheln will gelernt sein. Zuerst einfühlsam andrücken (im Sinne eines anklopfenden Sich-bemerkbar-Machens), dann für den Hund gut spürbar l a n g s a m und a n s c h m i e g s a m in Haarrichtung nach hinten durchstreichen und schließlich ausgleiten, so als würde man sich verabschieden, wobei sich der Druck verflüchtigt. Hier noch eine andere Zuneigungsform: Hundetypisches Lefzenlecken ist für den Menschen nicht geeignet. Aber wir können es nachempfinden: Wir tätscheln mit den Fingern von vorn nach hinten an der Lefze des Hundes entlang. So können schmerzhafte Reibungen, bedingt durch die relativ trockenen Hände des Menschen, vermieden werden, und es entsteht trotzdem ein gefühlvolles Berühren an den Lefzen.

Die Rückenlage begünstigt den Blickkontakt.

Die meisten Welpen lassen sich ausgesprochen gerne auf dem Rücken liegend liebkosen. Gegen Ende der Prägephase hingegen sträuben sie sich oft vehement gegen die Rückenlage.

Mäusesprung – früh übt sich.

Spiel

Einer meiner Kritiker nannte das Spiel einmal „die reizendste Nebensache der Welt“. Es war wohl gut gemeint, aber weit gefehlt. Spiel ist für den Hund, der als Begleiter des Menschen nahezu alles ablegen muss, was er in der Natur tun würde, so wichtig wie Fressen oder Schlaf. Als Haushund darf er nicht jagen; auch Revier-Verteidigen wird heute nicht mehr gewünscht, und er darf sich nicht paaren mit wem und wann

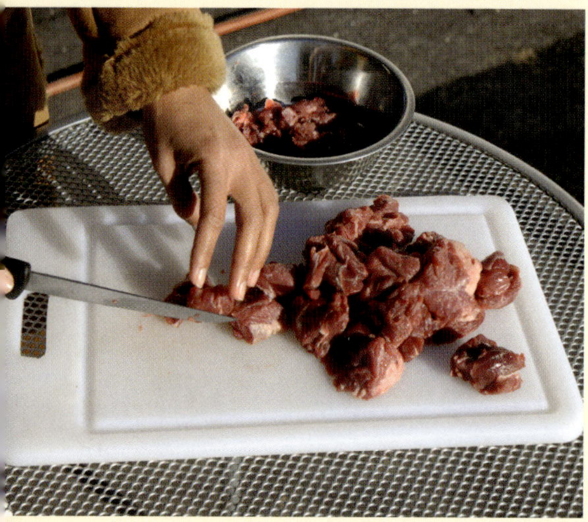

Ernährung ist ein viel und kontrovers diskutiertes Thema. Falls Sie – unter sicheren Voraussetzungen – mitunter Frischfleisch füttern wollen, dann sollten Sie die Stücke klein schneiden und Reis oder Maisgrieß sowie Gemüse dazugeben.

und wie oft er will (gilt vor allem für Rassehunde). Das Fressen kann er sich nicht aussuchen (manche schaffen das wohl...), und auch die innerartlichen Sozialkontakte sind meist vorgegeben.

Einzig und allein das Spiel ist in der Lage, diese Verlustliste aufzufangen. Im Spiel wird eine eigene, äußerlich fiktive, innerlich aber real erlebte Welt geboren, in welcher der Hund kraft seiner ausgeprägten Fähigkeit zur Imagination all das, was die Natur ihm bieten würde, mitbekommt. Spiel ist der Kompensator für die Fetalisation (Verjugendlichung des Hundes). Für den Welpen bedeutet das Spiel noch ein Weiteres: Nur im Spiel lassen sich die vielen Dinge, die der Kleine einüben muss, aneignen. Spiel ist das Lernmilieu schlechthin. Ohne Spiel könnte der Welpe nicht zum Hund werden, und ohne Spiel würde er lebenslang in der Zwangsjacke der Frustration vegetieren. Das sollten wir uns vor Augen halten, wenn wir von Spiel sprechen.

Das Spiel der Hunde ist genial organisiert. Ähnlich wie in einem Baukasten lassen sich alle Steinchen willkürlich zusammenstellen; es lässt sich damit experimentieren, und wenn der Turm umfällt, ist nichts Schlimmes passiert. Zurück bleibt die entscheidende, die Tüchtigkeit fördernde Erfahrung. So erklärt sich, dass ein Großteil dieses Buches dem Spiel gewidmet wurde. Harmonie durch Spiel, das ist die Botschaft, die mir am Herzen liegt.

Fressen

Hunde sind keine Vegetarier, aber zu viel Fleisch schadet ihnen auch. Zu fettes, aber auch zu fettarmes Fleisch haben Mangelerscheinungen zur Folge. Rohes Schweinefleisch wird wegen der Gefahr des Aujetzkyvirus vermieden. Rohes Rindfleisch, leicht mit Fett durchzogen, ist vorzuziehen. Allerdings gilt auch hier: Wenn man den Ursprung nicht kennt, ist es sicherer, das Fleisch zehn Minuten auf 75 Grad zu erhitzen. Das tötet die Viren ebenso wie Salmonellen und Bandwürmer. Einseitige Ernährung reduziert die Leistungsfähigkeit des Hundes, macht ihn anfälliger für Krankheiten und lässt ihn schneller altern. Daher ist es wichtig, den Hund schon von klein auf an eine vielseitige Ernährung zu gewöhnen. Wir beginnen früh mit einer abwechslungsreichen Kost und bereichern den Speisezettel durch Obst und Gemüse.

Neben Fleisch oder Trockenfutter geben wir auch Reis, gekochte Kartoffeln, Maisgrieß, Hirse und Gemüse, zum Beispiel Karotten.

Gedünstet und mit ein wenig Öl sind sie gut verdaulich und hervorragende Vitaminspender. Roh sind sie schwer verdaulich. Auch Gurken und Zucchini sind erlaubt. Vorsicht bei Früchten! Gefährlich bei Trauben oder Steinobst ist jedoch nicht das Fruchtfleisch, sondern es sind die Samen und Kerne, die dort und da aufgebissen werden. Entfernen Sie daher das Kernhaus der Äpfel. Klein geschnittene Äpfel sind mit das Beste, was Sie Ihrem Hund als Leckerli in der Ausbildung geben können. Wie gesagt, ohne Kerne! Auch kernlose Trauben sind unbedenklich, ebenso wie Wasser- und Honigmelonen. Was Sie unbedingt vermeiden sollten, sind Küchenzwiebeln, egal ob roh oder gekocht. Schon in geringen Mengen können Zwiebeln Vergiftungserscheinungen sowie Bluthochdruck oder Blutarmut hervorrufen. Süßigkeiten, Gewürze, Salziges sowie Wurst sind zu meiden.

Futterhersteller haben spezielles Welpenfutter entwickelt. Wer nicht genügend Erfahrung mitbringt oder wenig Zeit hat, ist besser beraten, die gut abgestimmten Futterangebote der Industrie zu verwenden. Die Auswahl ist groß. Letztlich müssen Sie aber selbst entscheiden, ob Sie Trockenfutter, Fleisch in Dosen, Fleisch in Hüllen oder unter besonderen Voraussetzungen auch Frischfleisch füttern. Wenn Sie Frischfleisch füttern, verwenden Sie gut geprüftes Rindfleisch. Schneiden Sie es in kleine Stücke.

Welpen brauchen mehrmals am Tag Nahrung und frisches Wasser. Hygiene ist wichtig. Fress- und Trinkschüssel sollte man immer sauber halten. So beugt man Zahnfleisch- und Lefzenentzündungen vor. Auch Lagerplatz und Box müssen rein gehalten werden.

Das Verteidigen des Fressens oder irgendwelcher Objekte ist Ursache vieler Beißunfälle. Daher vermitteln wir unseren Hunden schon früh, dass wir kein Nahrungskonkurrent sind. Wir stellen die Futterschüssel nicht wie üblich auf den Boden, sondern wir halten sie während des Fressens in der Hand und wir greifen mit den Fingern hinein. Ab und zu lassen wir auch Fremde unsere Hunde füttern, nach entsprechender Vorbereitung, und wir bringen den Hunden unseres Rudels bei, auch untereinander friedlich aus einer Schüssel zu trinken und zu fressen. Auch bei Leckerbissen lernen die Hunde, sich friedlich zu verhalten. Viel Unheil ließe sich vermeiden, würden diese Vorsichtsmaßnahmen allgemein praktiziert.

Schon im Welpenalter beginnen wir, Ressourcenverteidigung an der Futterschüssel abzubauen. Auch Fremde halten den Napf in der Hand und greifen mit der Hand hinein.

Beschäftigung, nicht „Hund sein lassen", führt zur TEAM-Partnerschaft!

Teampartner

Früher stand Zwang im Vordergrund der Hundeausbildung, die man bezeichnenderweise „Abrichtung" nannte. Der Hund als „Werkzeug in der Hand des Hundeführers" galt als Maxime. Dieser Begriff ist in nahezu allen Büchern aus dieser Zeit zu lesen. Weil Welpen solchen Druck aber nicht aushalten, hat man den Hund, bis er einjährig war, weitgehend roh gelassen. Auf diese Weise wurde die wichtigste Lern- und Bindungszeit geradezu verschenkt. Heute wünschen wir uns den Hund als Partner, wobei erst einmal der Mensch lernen muss, den Hund zu verstehen und sich ihm verständlich zu machen.

Eine der Schwierigkeiten liegt darin, dass der Hund oft etwas anderes möchte als wir. Klar, er ist ein Hund. Worauf es also ankommt, ist „die Ziele des Menschen zu Zielen und Motivationen des Hundes umzuwandeln". Wir nennen das Transformation.

<Name-Komm>-Übungen

Eines der ersten Dinge, die wir dem Welpen vermitteln sollten, ist sein Name, auf den er freudig und zuverlässig kommen soll. Wenn der Welpe im neuen Heim ist, läuft er uns auf Schritt und Tritt hinterher. Das können wir nutzen. Im ersten Lernschritt verknüpfen wir seinen Namen mit dem Fressen oder, wenn er kein guter Fresser sein sollte, mit seinem Lieblings-MO. Wenn er zu uns kommt, wird er kräftig gelobt oder er bekommt ein Leckerli. Sprechen Sie den Namen des Welpen anfangs ausnahmslos freundlich aus. Wenn Sie schimpfen müssen, dann nicht mit dem Namen! Er wird in wenigen Tagen wie der Blitz herkommen. Im zweiten Schritt rufen wir ihn zuerst beim Namen und dann folgt das <Komm>. (Für Sport und Turnier verwenden wir eigene Hörzeichen, zum Beispiel <Hier>.) Ziel ist es, dass er beim Hören seines Namens in seiner Tätigkeit innehält, zu Ihnen sieht und auf das <Komm> dann freudig und schnell herkommt. Diese Form der Kommunikation bewährt sich vor allem bei mehreren Hunden.

Rufen Sie ihn anfangs nicht, wenn er stark abgelenkt ist, und vermeiden Sie endloses Wiederholen des Hörzeichens oder seines Namens. Warten Sie auf eine bessere Gelegenheit. Laufen Sie ihm auf keinen Fall hinterher, denn

Rufen Sie den Welpen freundlich zu sich heran. Setzen Sie alles ein: Körpersprache, Mimik, Gestik und – last, not least – ein „hundliches Angebot", hier in Form des Puppy- Egg.

Die Stimulationen werden ihre Wirkung nicht verfehlen.

Hier die Übung <Name-Komm> mithilfe der Aufrollleine.

Wenn sich der Welpe im Abstand von drei bis fünf Metern auf etwas konzentriert, signalisieren wir ihm, dass wir da sind, …

… rufen seinen Namen und <Komm> …

… und loben ihn, wenn er bei uns ankommt.

diesen Wettlauf verlieren Sie. Besser, Sie laufen ihm davon. Es empfiehlt sich, die ersten Versuche zu Hause in den vier Wänden durchzuführen, ohne Ablenkung. Erst später, nach ein bis zwei Wochen (inzwischen wurde er schon mit der Leine vertraut gemacht, siehe Seite 82), üben wir <Name-Komm> auf Spaziergängen, und zwar drei bis zehn Mal pro Spaziergang. Lassen Sie ihm aber auch Phasen, in denen Sie ihn nicht fordern!

<Name-Komm>-Übung mit Leine

Von Anfang an wird der Kleine auf Spaziergängen an der Aufrollleine geführt. Wir beobachten ihn, und wenn eine schwache Ablenkung auftritt, etwa eine interessant riechende Feldblume, dann testen wir, ob das <Komm> schon gut genug wirkt. Rufen Sie ihn freundlich mit Namen. Wenn er hersieht, gehen Sie in die Hocke und rufen <Komm>. Sprechen Sie Name und Hörzeichen freundlich und einladend aus, nicht fordernd, zwingend oder gar drohend! Während des Herkommens wiederholen Sie das <Komm> mehrmals; das verstärkt die Stimulation und beschleunigt die Konditionierung. Beim Ankommen wird er ausgiebig gelobt und belohnt. Sie werden staunen, wie schnell der Kleine herkommt (solange keine starke Ablenkung wirkt). Nach und nach wagen wir das <Name-Komm>-Spiel auch mit stärkeren Ablenkungen. Wir bauen sie sogar selbst ein: Wenn der Welpe gerade nicht hersieht, legen wir ein Futterstück auf den Boden und merken uns den Ort mithilfe einer deutlichen Naturmarkierung (großer Stein, heller Fleck, hoher Grashalm oder etwas anderes). Beim Zurückgehen führen wir den Kleinen in die Nähe der Ablenkung. Er wird

den Braten riechen und hinstreben. Bei dieser Größenordnung von Ablenkung ist es ganz normal, wenn der Kleine auf Ihr Namenrufen diesmal nicht reagiert. Jetzt kommt der Einsatz der Leine, und jetzt verstehen Sie auch, weshalb wir die Aufrollleine von Anfang an einsetzen. Er muss sich an die Leine bereits gewöhnt haben. Vor allem aber darf es auf keinen Fall passieren, dass der Welpe schon trennt. Unter trennen verstehen wir folgenden Vorgang: Der Hund verhält sich, wenn die Leine dran ist, anders, als wenn sie nicht dran ist; er trennt. Um das Trennen zu vermeiden, muss die Leine längere Zeit ausnahmslos getragen werden!

Sie rufen ihn beim Namen, er reagiert nicht, und jetzt signalisieren Sie mit einem kurzen, prägnanten Signal (kein Ruck!), dass Sie da sind und dass Sie einen „verlängerten Arm“ besitzen. Das macht riesigen Eindruck auf den Kleinen. In dem Augenblick, in dem er das Signal „spürt“, wird er sich umdrehen und zu Ihnen sehen. Nun wiederholen Sie den Namen, machen sich wie gewohnt klein und rufen <Komm>. Er wird kommen und Sie können ihn wieder loben.

Irgendwann einmal, wenn die Ablenkung größer ist als die Lust zu kommen, wird der Kleine nicht kommen. Er will jetzt nicht. Auf diese Situation sind wir vorbereitet. Die Leine war immer dran, also auch jetzt. Neu ist nur, dass Sie ihn in dieser Situation einfach zu sich herziehen, ganz ruhig. Ein wenig fordernder darf das <Komm> schon klingen, aber vermeiden Sie Zorn oder Drohung! Sie wiederholen beharrlich Ihr <Komm>. Haben Sie ihn zu sich herangezogen, wird er wie gewohnt belohnt und gelobt. Geben Sie ja nicht nach, auch wenn er sich aufbäumen und sträuben sollte. In dieser Situation ist die Demonstration Ihrer physischen Überlegenheit gefordert. Einige Wiederholungen reichen in der Regel aus, damit der Welpe in nahezu jeder Situation herkommt. Das hundertprozentig sichere Herkommen lernt er erst mit der Zeit: durch Wiederholung, Vertiefung und Abwandlung. So viel zum gebundenen (Leine) <Name-Komm> auf dem Spaziergang.

<Name-Komm>-Übung ohne Leine

Im Zimmer kann der Kleine nur begrenzt davonlaufen. Daher bietet sich an, die Leine oder eine Variante (Schleppleine) nicht wieder einzusetzen, sondern hier von Anfang an das freie <Name-Komm> zu üben. Der anfängliche Aufbau bleibt derselbe; bis auf den Verzicht der Leine.

In der 10. bis 13. Woche macht der Kleine in seiner Entwicklung einen Sprung. Er bemerkt, dass er die Fähigkeit zur Wahl hat, was die Ursache für so manches neue Verhalten ist, das wir oft fälschlicherweise als Auflehnung oder Flegelverhalten interpretieren. Im Grunde genommen ist es die aufkommende Entdeckung individuellen Handelns. Mit der neuen Selbsterfahrung experimentiert er, aus Neugier und nicht aus Opposition. In dieser Phase wird er eines Tages von einer Minute auf die andere auf das bisher exzellent gezeigte <Name-Komm> nicht kommen, sondern stehen bleiben oder weglaufen. Jetzt gilt es, das Richtige zu tun. Wenn sich der Welpe in dieser Situation als Spielmacher entdeckt, wird er die köstliche Form der Selbstbelohnung wiederholen. Das Beste, was Sie tun können, ist dies: Ignorieren Sie das erste Verweigern, verzichten Sie dieses eine Mal auf das Herkommen; aber wappnen Sie

Wenn Sie den Welpen von Anfang an ausschließlich freundlich beim Namen rufen und sein Herkommen großzügig belohnen, werden Sie in kürzester Zeit durch ein beispielhaftes <Name-Komm> belohnt, auch beim freien Kommen ohne Leine.

sich danach und für die Zukunft mit dem verlängerten Arm, der diesmal nicht aus der Leine besteht. Nichts hat sich in dieser Situation besser bewährt als das Nachwerfen eines Gegenstandes. Für Welpen ist die oft Angst einflößende Klapperbüchse zu riskant. Nach Versuchen mit unterschiedlichen Gegenständen habe ich folgendes Teil entwickelt: kleine Gummikappen, zu einem Ring verbunden. Je nach Temperament Ihres Welpen können Sie den Gummiwurfring in die Nähe des Welpen werfen oder ihn auch treffen.

Er wird verblüfft sein, Ihre Macht auf Entfernung erkennen, und jetzt wird er auf das Hörzeichen herkommen. Achten Sie darauf, dass das Nachwerfen als punktuelle Kommunikation eingesetzt wird, also nur kurz dauern darf und sofort durch das freundliche <Komm> und das anschließende Lob abgelöst wird. Nach wenigen Tagen wird der Kleine das freie <Name-Komm> wieder zeigen, und Sie sind einen Riesenschritt weitergekommen. Die Erfahrung hat gezeigt, dass die Kombination der Übung an der Leine und frei einen hohen Grad an Zuverlässigkeit vermittelt.

So lernt der Kleine Begegnungsrituale.

Zusammen leben

Hundebesitzer wünschen sich den problemfreien Hund. Jeder wünscht sich, der Hund soll sich anderen Hunden, Haustieren, auch den sogenannten Nutztieren, vor allem aber Menschen gegenüber freundlich und annehmbar, sprich unaufdringlich, verhalten. Dieses Wunschbild ist naheliegend und schnell ausgesprochen. Aber der Weg dahin ist für manche steinig und langwierig. Vor allem für jene, die in der Prägephase versagt haben. „Der pflegeleichte Hund“ ist in der Regel auch die stärkste Motivation, welche Hundehalter zu den Schulen führt. Leider oft erst dann, wenn die Probleme eskalieren. Von allein lernt der Hund das gewünschte problemfreie Verhalten nicht. In der freien Wildbahn würden die Rudelmitglieder dafür sorgen, dass die Regeln eingehalten werden. Aber der Hund ist nicht im Busch, sondern bei Ihnen, und jetzt sind Sie dran, Familie Wolf zu ersetzen. Was erschwerend hinzukommt, ist: Der Hund weiß

nichts von den Zivilisationsregeln des Menschen. Und wie sag ich's ihm? Wir könnten ihm zwar unsere Vorstellungen einfach aufzwingen. Aber das schafft bekanntlich neue, oft noch größere Probleme. Und die Bindung, die wir uns mit unserem Begleiter wünschen, könnte unter Druck und Zwang nicht Fuß fassen. Worauf es ankommt, ist: Es muss uns gelingen, unsere Ziele zu Motivationen des Hundes umzuwandeln. Wir nennen das Transformation. Wenn es uns gelingt zu transformieren, dann wird der Hund das, was wir von ihm wollen, nicht nur tun, sondern er wird es engagiert und mit Freude ausführen. Das ist eine der Säulen moderner Hundeerziehung und -ausbildung.

Fassen wir zusammen: Soziale Bedürfnisse sind angeboren, aber Sozialisierung muss erworben werden, durch Vorbild, Nachahmung, Übung und nicht zuletzt durch aktives Eingreifen der Autoritätsträger.

Sozialisierung

Beginnen wir mit der innerartlichen Sozialisierung. Hier haben Heinz Weidt und Dina Berlowitz mit ihren Prägungsspieltagen Bahnbrechendes geleistet. Heute sieht man mehr und mehr ein, dass Welpenspielstunden, wie sie oft genannt werden, unumgänglich sind. Aber leider werden in Schulen und Vereinen immer noch gravierende Fehler gemacht. Welpen werden ohne Rücksicht auf Alter und Reifung wild zusammengewürfelt, so wie sie gerade kommen. Dies kann zu Überforderung und Störung führen. Oder man beginnt viel zu früh mit den Grundübungen <Sitz> und <Platz>, mit dem Argument: Die Hundebesitzer wollen ja was sehen… Auch das erforderliche Eingreifen bei Mobbing bleibt mitunter aus, wird übertrieben oder unwirksam verwässert. Es fehlt noch mancherorts an ethologischem Know-how und an

Züngeln deutet hier auf freundliche und kontaktfreudige Stimmungslage, und mit den angelegten Ohren wird Devotion ausgedrückt (der Jüngere demonstriert Unterwürfigkeit).

der Balance. Die Übungen <Sitz>, <Platz> und <Fuß> sollten in der Prägephase eine untergeordnete Rolle spielen. Wichtiger ist es, dass der Welpe lernt, mit seiner Umwelt und mit den Lebewesen, die ihn umgeben, richtig umzugehen. Richtig heißt hier mehr als nur problemfrei. Richtig bedeutet, die arteigenen Anlagen und Vorgaben im erweiterten Feld der sozialen Gemeinschaft mit Menschen (und anderen Tieren) lustvoll und erfüllend umzusetzen.

Besuchen Sie daher möglichst ein- bis zweimal pro Woche Prägungsspieltage oder Welpenspielstunden, aber vertrauen Sie sich nur Trainern an, die ihr Handwerk verstehen! Auch hier ist man gut beraten, einen erfahrenen Hundeführer um Hilfe bei der Auswahl zu bitten.

Aber auch die beste Welpenspielstunde ersetzt nicht das, was der Besitzer an Sozialisierung und Erziehung selbst einbringen muss.

Denken Sie also daran, nach den Tagen des Eingewöhnens die entsprechenden Möglichkeiten zur Sozialisierung zu organisieren: Wenn Sie selbst keine Kinder haben, sollten Sie in Abständen Kinder einladen und diese mit Ihrem Welpen – unter Aufsicht, versteht sich – spielen lassen. Kind und Hund müssen (unter anderem) lernen, die Bedürfnisse des anderen zu respektieren. Ihre Aufgabe ist es, das zu vermitteln – beiden! Respektieren ist für Kinder mit Verzicht verbunden, und Verzicht fällt Kindern oft schwer. Was für das Kind der Verzicht ist, ist für den Hund das Tabu. Manche Dinge darf er, anders als im Hunderudel, einfach nicht tun. Auch Welpen fällt es schwer, Tabus anzuerkennen. Aber sie sind dafür ausgerüstet, es zu lernen. Und wir helfen ihnen dabei.

Erwachsene sollten nicht nur dabei sein, wenn Kinder und Welpen miteinander spielen. Sie sollten beiden beistehen, den richtigen Umgang zu lernen.

Auch die Begegnung mit älteren, kranken oder behinderten Menschen muss der Welpe lernen. Hunde denken anders als Menschen. Eine Person mit Hut oder ein Mann mit Bart kann für einen Hund enorm bedrohlich wirken, ebenso ein Mensch mit Krücke; und in der Uniform eines Polizisten oder Briefträgers vermutet der Hund vielleicht eine heimtückische Maskierung. Hat er die vielen unterschiedlichen Erscheinungsformen des Menschen aber schon im Welpenalter erfahren, ist er gefeit gegen (fast) alles Mögliche.

Wenn Ihr Hund mit Katzen keine Probleme haben soll, dann ist es wichtig, dass Sie ihn im Welpenalter an Katzen gewöhnen. Und den Bauern halten Sie auch besser bei Laune, wenn Ihr Hund seine Kühe oder Pferde nicht wie verrückt verbellt.

„Lonelyness cry?" – Lassen Sie es erst gar nicht so weit kommen!

Allein sein

Allein sein zu können ist wichtig. Die moderne Lebensform des Menschen bringt es mit sich, dass in vielen Familien beide Elternteile zur Arbeit müssen, einer von beiden zumindest halbtags. Für den Hund bedeutet dies, oft viele Stunden allein zu sein. Mit dieser Situation ist er als Welpe maßlos überfordert. Zum einen ist er als Soziallebewesen geboren, und zum anderen war er bei seiner Mutter und seinen Geschwistern gewohnt, nie allein zu sein. Beim Einschlafen spürte, roch und hörte er die Gegenwart seiner Rudelmitglieder. Im Schlaf nahm er ihre Präsenz unterbewusst wahr, und wenn er aufwachte, war alles wie vorher. Er war definitiv keine Sekunde allein. Wenn er zu seinem Besitzer kommt, so muss diese gewohnte Situation, so gut es geht, zumindest anfangs weitergeführt werden. Es ist für den Kleinen schwer genug, von einem Tag auf den anderen nur noch Menschen um sich zu haben. Verlustangst kann schnell eskalieren und ernsthafte Folgen nach sich ziehen. Daher ist es ratsam, das Alleinbleiben in kleinsten Lernschritten zu vermitteln.

Gehen Sie häufiger, wenn der Welpe in Ihrer Nähe im Solitärspiel beschäftigt ist, kurz aus dem Zimmer. Lassen Sie die Tür offen und kommen Sie sofort wieder zurück. Machen Sie aus diesem Vorgang nicht das geringste Aufsehen. Sie beobachten den Kleinen unauffällig aus den Augenwinkeln. Auch er wird Sie wahrscheinlich beobachten. Solange er Sie sieht (die Tür ist offen), wird er die wenigen Sekunden Trennung ohne Probleme durchstehen. Vermitteln Sie ihm, dass Sie nach jedem (kurzen) Hinausgehen immer wieder sofort zurückkommen. So desensibilisieren Sie das kurze Alleinsein. Loben Sie bitte nicht, wenn Sie wieder hereinkommen. Auch das Hereinkommen gestalten Sie als etwas völlig Selbstverständliches. Sollte der Welpe bei diesem behutsamen Übungsaufbau Signale der Unsicherheit oder Verlustangst zeigen, müssen Sie noch einen Schritt tiefer ansetzen. Ziehen Sie eine zweite Person (aus der Familie oder dem Freundeskreis) hinzu. Testen Sie, ob der Kleine die zweite Person freundlich annimmt. Wenn ja, gehen Sie kurz hinaus, während die

Hilfsperson sich mit dem Welpen beschäftigt. Anstelle der Hilfsperson kann auch ein MO oder ein Kauknochen für Ablenkung sorgen. Achten Sie jedoch darauf, dass Sie das Objekt in ausreichendem zeitlichen Abstand, also etwa zehn Sekunden, bevor Sie hinausgehen, offerieren.

Mit der Zeit dehnen Sie dann die Zeiten des Wegbleibens vorsichtig aus. Dann und wann schließen Sie die Tür beim Hinausgehen. Auch hier empfiehlt sich eine Hilfsperson, die bei dem Welpen bleibt und Ihnen anschließend beschreibt, wie er Ihr Weggehen aufgenommen hat. Als Ersatz für eine Hilfsperson bietet sich die Verwendung eines Multimedia Babywächters an (Sender: Kamera und Mikro, Empfänger: kleiner Bildschrim und Lautsprecher), der ungefähr 60 Euro kostet. Dieses nützliche Utensil werden wir noch öfter einsetzen.

Dehnen Sie die Zeit Ihrer Abwesenheit in kleinen Schritten aus, wobei immer wieder mal kurzes und sehr kurzes Hinausgehen einer möglichen Zunahme der Verlustangst entgegenwirkt.

Was soll man tun, wenn er anfängt zu bellen? Diese Frage ist tatsächlich heikel. Am besten wäre es, wenn Sie das Prinzip der kleinen und kleinsten, lusterfüllten Lernschritte gewissenhaft

Der Kleine wird Sie genau beobachten, wenn Sie aus dem Zimmer gehen. Lassen Sie anfangs die Tür offen und kommen Sie gleich wieder zurück.

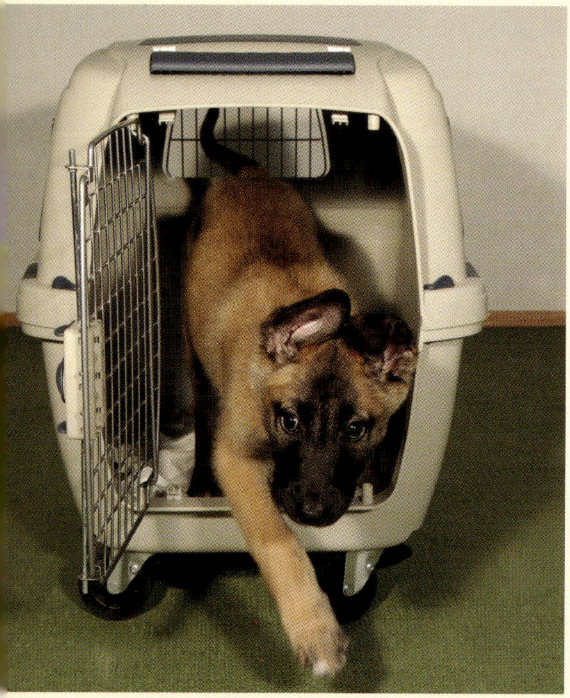

Gewöhnen Sie den Welpen früh an die Box. Das kann eine Gitterbox, wie hier eine Flugbox, oder auch eine „Spezialbox“ sein, die ins Auto integriert wird.

und geschickt angewandt haben, um das Bellen, Fiepen und Winseln von vornherein zu vermeiden. Ist es dann doch passiert, müssen Sie sich entscheiden. Entwickeln Sie Gehör und Gefühl dafür, welcher Natur das Bellen ist. Bellt der Welpe in der Motivation aufkeimender oder bereits eskalierter Angst? Bellt er aus provokantem Protest, oder bellt er, weil er annimmt, dass Sie jetzt ein Versteck- oder Laufspiel einleiten? Vielleicht will er Sie durch sein Bellen zum Spiel auffordern? Als Hundehalter müssen Sie lernen, wie man in Fachkreisen sagt, Ihren Hund zu lesen und, das ist ebenso wichtig, wie Ihr Hund zu hören. (Mit dem Riechen können wir Menschen nicht wirklich mithalten...) Noch ein Hinweis zu Lautäußerungen: Wenn Ihr Welpe es durch heftiges Bellen geschafft hat, dass Sie ihm nachgeben, dann ist die Gefahr groß, dass er in

Präventives Ablenken, etwa durch ein Kauobjekt, erleichtert das Alleinsein.

Selbst eine Seminarteilnahme in einer Box bedeutet kein Problem, wenn der Kleine gelernt hat, sich in der Box wohlzufühlen und kurzzeitig allein zu sein.

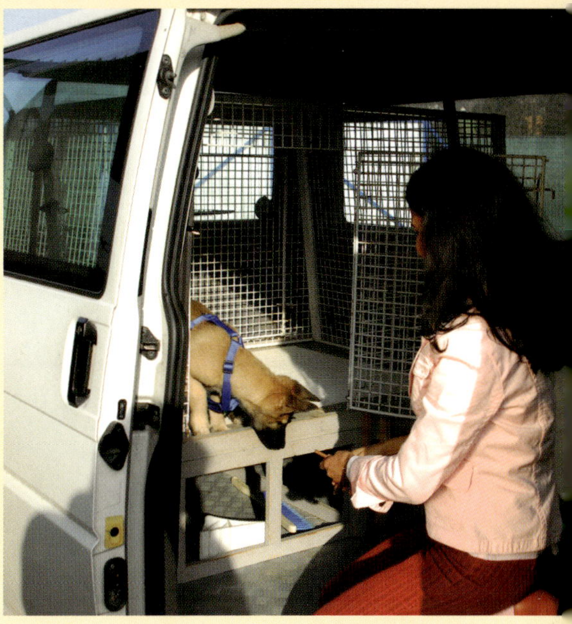

Je größer die Autobox, desto besser. Hier kann auch ein erwachsener Hund stehen und sogar ein wenig umhergehen. Je früher er mit der Autobox vertraut wird, desto besser.

jeder Situation, in der er etwas anderes will, kräftig bellt. Behutsames Vorgehen, was lerntheoretisch nichts anderes bedeutet, als das Anspruchsniveau, also den Schwierigkeitsgrad annehmbar anzusetzen, ist vorteilhafter als plumpes Unterdrücken (Abstellen).

Bringen Sie Ihrem Welpen möglichst früh bei, dass er in der großen Gitter- oder Flugbox und auch in seiner kleinen Katzenbox kurz allein sein kann. Wichtig! Anfangs, etwa eine Woche lang, bleibt die Tür offen, er bekommt sein Fressen in der Box, und auch der Kauknochen wird in die Box gelegt.

Wenn das Vertrauen vorhanden ist, wenn das Alleinsein behutsam aufgebaut wurde und wenn der Hund täglich genügend Zuwendung und gemeinsame Beschäftigung erfährt, können erwachsene Hunde stundenlang allein sein, ohne Schaden zu nehmen. Geleiten Sie Ihren Welpen schrittweise dahin.

Hochheben – Treppen

Hochheben

Wenn man einen Welpen falsch hochhebt, riskiert man bei einigen Rassen einen Leistenbruch oder gar eine Wirbelsäulenverletzung. Vorsicht ist vor allem geboten, wenn Bekannte oder

Einfaches Hochheben, wobei beide Hände stützen.

Einfaches Hochheben durch Stützen des Popos.

Fremde ins Haus kommen. Ehe man es sich versieht, wird der Welpe unsachgemäß hochgehoben. Ein guter Rat: Sprechen Sie Besucher gleich bei deren Ankunft auf jene Dinge an, die Sie nicht haben wollen.

Für schützendes Hochheben gibt es mehrere Techniken. Bei einigen liegt der Welpe dann auf dem Rücken, bei anderen bäuchlings. Eines haben sie alle gemeinsam: Beide Hände werden stützend eingesetzt, und: Der Körper hängt niemals frei hinunter, sondern man achtet darauf, auch das Hinterteil abzustützen. Bei einigen Rassen, wie zum Beispiel bei Dackeln, ist nicht nur der Bauch, sondern auch die Wirbelsäule in Gefahr. Rechts auf dem Foto stelle ich Ihnen einige Varianten des schützenden Hochhebens vor.

Sicheres Hochheben

Im Folgenden beschreibe ich eine der sichersten Methoden, den Hund hochzuheben: Man hält Vorder- und Hinterhand des Hundes fest. So kann er selbst bei starkem Strampeln nicht hinunterfallen. Wenn der Hund in Schmusestimmung ist, kann man ihn mit einer Hand festhalten und ihn mit der anderen kraulen.oder andere Berührungsspiele durchführen. Fängt er dann wieder an sich zu wehren, so hält man ihn wieder mit beiden Händen fest. Das Absetzen auf den Boden erfolgt in umgekehrter Reihenfolge. Leider ist diese Technik nicht ganz einfach: Treten Sie an den Hund heran, sodass er quer vor Ihnen steht. Dann nehmen Sie Ihre linke Hand an die Ihnen zugewandte Vorderhand, die rechte an die Ihnen zugewandte Hinterhand. Heben Sie den Kleinen mit der linken Hand ein wenig hoch und schieben Sie ihn nach vorn, sodass er in Ihre Arme fällt. Jetzt können Sie ihn hochheben, selbst wenn er sich sträubt.

Es empfiehlt sich, mehrere Techniken des abstützenden Hochhebens erst einmal trocken zu üben.

Treppen

Widerstehen Sie bitte der Versuchung, den Kleinen zu früh über Treppen gehen zu lassen. Rauf kommt er ja leicht, aber runter muss er dann springen, und das schadet den Gelenken. Wie bei Pferden, die man nach Möglichkeit nicht abwärts galoppieren lässt und generell beim Abwärtsgehen schonend führt, so sollte man auch bei Hunden stets auf Schonung der Gelenke achten. Die rassebedingten Unterschiede in der Belastbarkeit der Gelenke sind groß. Erkundigen Sie sich bei Ihrem Züchter, wenn Sie noch wenig Erfahrung haben.

Für die unterschiedlichen Aufgaben der Höhenüberwindung (Steigung aufwärts, abschüssiges Gelände, Brücke, Treppe und Wippe) habe ich ein Gerät entwickelt. Die Wipp-Wapp vereint in einem Gerät fünf verschiedene Aufgaben, die zudem noch kombiniert und abgewandelt werden können. Unter anderem bietet die Wipp-Wapp feinste variable Einstellungen für die Aufgabe des Treppengehens.

Das Treppenüben auf der Wipp-Wapp ist absolut unbedenklich. Es sind nur zwei Stufen zu bewältigen, und die Gewichtsverlagerung zwischen Vorder- und Hinterpfoten (beim Auf- und Abgehen) ist aufgrund der geringen Drehung um die Nickachse (Sagittal-Ebene) im tolerablen Bereich.

Mit dem Training auf der großen Treppe warten wir, bis der Welpe etwa zwölf Wochen alt ist. Aber auch in diesem Alter ist noch Vorsicht geboten. Führen Sie den Kleinen an Brustgeschirr und Leine über eine möglichst kurze Treppe hinauf und hinunter. Wenn nötig, locken Sie ihn mit Leckerli oder MO. Achten Sie von Anfang an darauf, dass der Kleine nicht springt,

Wipp-Wapp (2007), ein Spezialgerät für die fünf generellen Höhenaufgaben: Steigung nach oben, nach unten, Brücke, Stufe und Wippe.

sondern in alternierenden Schritten (Wechselschritten) aufwärts und (noch wichtiger!) abwärts geht. Gerne werden die letzten beiden Stufen abwärts übersprungen. Verhindern Sie das, indem Sie vor den letzten Stufen etwas langsamer führen und entsprechend gegensteuern. Das Führen der Leine hinter dem Rücken, ebenso wie der von mir entwickelte Lind-Guide unterstützen das Treppentraining. Üben Sie Treppengehen niemals lange und vermeiden Sie viele Wiederholungen. Ein, zwei, drei Versuche pro Tag reichen aus! Übrigens: Wenn Sie das Treppentraining so gestalten, dass der Kleine dicht an der Wand, und zwar schön parallel neben Ihnen (Leine hinter dem Rücken oder Lind-Guide) geht, lernt er gleichzeitig etwas für das spätere Fußgehen. Wenn Sie die Seite wechseln, lernt er von Anfang an, links und rechts neben Ihnen zu gehen.

Üben Sie im weiteren Verlauf auch auf Treppen, die hinten offen sind, und auf Wendeltreppen.

Rolltreppen sind für Hunde verboten. Aus gutem Grund. An den Metallführungen haben sich schon viele Hunde die Krallen verletzt.

Fahrstuhl

Das Fahren im Fahrstuhl, vor allem, wenn er verglast ist und die Fahrtbewegung sichtbar wird, sollte ebenfalls im Welpenalter vermittelt werden. Oft ist es aber der glatte Boden im Fahrstuhl, der den Hunden mehr Schwierigkeiten bereitet.

Umweltintegration

Nach den ersten Tagen des Eingewöhnens beginnen wir mit der Umweltintegration. Es gibt vieles, womit der Welpe vertraut gemacht werden muss. Jede Umgebung ist anders. Daher sollten Sie sich genau überlegen, was auf Ihren Welpen später zukommt und was Sie von ihm – etwa in der Freizeitgestaltung – erwarten. Am besten, Sie machen sich eine Liste und teilen die Punkte auf die Zeit bis zur 16. Woche auf. Ein anderes Ordnungsprinzip wäre die Planung und Aufteilung nach Indoor- und Outdoor-Aktivitäten (für Regen- und Sonnentage).

Manches wird er im Handumdrehen lernen, anderes muss schrittweise desensibilisiert werden. Das lässt sich im Einzelnen nicht vorhersagen. Gehen Sie behutsam vor. Lieber die Latte etwas tiefer legen als den Welpen überfordern. Ein paar Lernschritte sind in wenigen Minuten übersprungen, aber eine Überforderung hängt Ihrem Welpen und Ihnen noch lange nach.

Hier einige allgemein übliche Integrationsaufgaben: Nehmen Sie Ihren Welpen oft auf (kurze!) Spaziergänge mit: durch den Park, in die Stadt, in den Wald, an den See, zum Strand oder zum Bach. Konfrontieren Sie ihn mit kleinen Aufgaben: Gehen über eine schmale Brücke, auf Sand, über Stoppeln, nasses Gras, Kiesel, Steine, Herbstlaub, über ein klapperndes Hundeboxendach, über knisterndes Plastik, über glänzende Alufolie und so weiter. – Auf einen Erdhügel hinauf- und hinunterklettern, durch enge Gassen gehen, durch Rohre und Büsche schlüpfen und vieles andere. Zwang ist fehl am Platze! Wenn sich der Kleine bei der einen oder anderen Aufgabe zunächst nicht traut, so ist das normal! Lassen Sie ihm Zeit, helfen Sie ihm – maßvoll und unauffällig. Wenn er es geschafft hat, bewundern Sie ihn. (Ich rate meinen Schülern oft zur Bewunderung anstelle des oft abgegriffenen, unglaubwürdigen Lobens.) Sie werden sehen, der Welpe wird auf diese Weise zusehends selbstsicherer. Gute Welpenschulen bieten eine Fülle von Integrationsaufgaben, die in der Gruppe noch eine zusätzliche Wertigkeit erhalten. Aber auch zu Hause sollten Integrationsaufgaben geboten werden. Die einzelnen Geräte selbst zu kaufen geht ins Geld. Mit ihnen zu Hause umzugehen, macht aber riesig Spaß. Der eigene Besitz bietet natürlich noch mehr Möglichkeiten individueller Förderung, als dies einmal in der Woche in der kurzen Zeit der Welpenspielstunden realisierbar ist. Fortschrittliche Schulen und Vereine gehen dazu über, ein oder mehrere Sortimente zu kaufen und an Klubmitglieder gegen geringes Entgelt zu verleihen. Viel spricht fürs Verleihen, denn der Kleine wächst relativ schnell aus dem Welpenalter heraus, und dann hat die teure Puppy-World ausgedient.

Eine einfache Gießkanne kann dem Welpen einen enormen Schreck einjagen. Vergessen Sie nicht: für ihn l e b t die Kanne.

Hin und wieder darf es auch eine knifflige, herausfordernde Aufgabe sein. Etwa eine kleine Mutprobe: ein besonders langes Rohr zum Hindurchkriechen, ein extrem glatter Boden oder ein Gitterrost Stangenabstände nicht zu groß! (Verletzungsgefahr!).

Hier einige Desensibilisierungsbeispiele:

Spitzer Untergrund.

Bodenhölzer „Tricky Timbers".

Tunnel.

Die Faschingsmaske ist nicht für jeden Welpen zumutbar!

Gitter.

Fähnchenvorhang.

Gehen Sie schrittweise vor: Maske in etwa fünf Meter Entfernung auf den Boden legen; selbst draufsteigen, draufsetzen, dann in die Hand nehmen; wieder hinlegen und dem Welpen Gelegenheit geben, die psychische Barriere selbst zu überwinden. Übung variieren: schwarzer Hut, Strohhut, Sonnenbrille und anderes.

Auch der akustische Bereich ist wichtig. Geräusche-CDs versprechen viel. Die Erfahrung hat jedoch gezeigt, dass synthetische akustische Reize kein Ersatz für die Realereignisse sind! Nebenbei: Stundenlange Berieselung mit Akustik-CDs wirkt kontraproduktiv. Akustische Dauerpräsenz führt zur Abstumpfung: Die Reize werden als psychosomatischer Schutz vor dem Erreichen des zerebralen Zentrums (entsprechendes Sinneszentrum im Gehirn) herausgefiltert und geblockt. Es ist also sinnlos, Geräusche-CDs stundenlang laufen zu lassen. Weniger wäre mehr gewesen: immer wieder mal einige Minuten!

Wer sich wünscht, dass sein Hund später zu Silvester (oder in ähnlichen Situationen) kein Problem hat, der sollte im Welpenalter akustische Desensibilisierung üben. Auch hier fängt man vorsichtig an: zuerst mit einer Papiertüte in einer Entfernung von 10 bis 50 Metern, dann näher und näher. Nach dem Knall werfen Sie die Tüte auf den Boden. Geben Sie dem Welpen Gelegenheit, näher zu kommen und das „Knallmonster“ zu untersuchen. Notfalls helfen Sie ihm. Wie? Bitte nicht bemuttern! Tun Sie so, als wären auch Sie vom Knall beeindruckt, aber Sie zeigen sich mutig, kommen vorsichtig näher (auch mal zurückweichen…), nehmen die Tüte in die Hand, werfen sie auf den Boden, steigen drüber und setzen sich schließlich drauf, dann gehen Sie zur Seite und warten ab. Der Kleine wird sehr beeindruckt sein und Sie wahrscheinlich nachahmen, mit zunehmendem Mut. Wenn er die Knalltüte bewältigt hat, kann man, wiederum in kleinen Schritten, die Schreckpistole einsetzen. Wenn Sie Wert auf eine stabile akustische Unbefangenheit legen, sollten Sie mit

Stadt- und Parkbummel.

Urlaub mit dem Hund ist wunderbar, vorausgesetzt, der Urlaubsort ist von den Ansteckungsgefahren hinsichtlich der rassespezifischen Verträglichkeit akzeptabel.

Ihrem Züchter sprechen und ihn bitten, die beschriebenen Aktionen durchzuführen. Vor der ersten Angstphase, also mit etwa sechs bis sieben Wochen, sind die meisten Welpen erstaunlich insensibel gegenüber lauten oder störenden Geräuschen.

Offerieren Sie ihm nach und nach auch laute und aggressive Geräusche: Das Scheppern einer Blechplatte (Gitterboxenboden), das Motorgeräusch des Rasenmähers, der Bohrmaschine oder andere Krachmacher.

Wichtig ist auch das Vertrautwerden mit Autos und Lastwagen. Oder wer auf dem Land lebt: mit Traktoren, Mähdreschern, Kreissägen und unterschiedlichen Landmaschinen.

Auch mit verschiedenen Wetterbedingungen sollten Sie Ihren Welpen vertraut machen, mit entsprechender Vorsicht, versteht sich: Regen, Sturm, Sonne, Wind, extreme Hitze und Kälte (nur jeweils kurz, rassebedingte Einschränkungen beachten!) sowie Dunkelheit und Helligkeit.

Gehen Sie mit ihm auch mal durch den Schnee, durch eine Pfütze, über ein Stoppelfeld oder über Eis. Bringen Sie ihm bei, über Roste und glatte Böden zu gehen. Konfrontieren Sie ihn gegen Ende der Prägephase mit bestimmten Situationen: auf dem Bau, am Flugplatz, am Bahnhof, in der Nähe belebter Straßen oder auf dem Markt. Zum Einkaufen können Sie den Kleinen nur mitnehmen, wenn jemand dabei ist, der auf ihn aufpasst, während Sie im Geschäft sind.

Geistiger Zügel

Wenn die aktivierenden und die bremsenden Kräfte in einem pädagogischen System nicht ausgewogen dimensioniert zur Wirkung kommen, entstehen unweigerlich Verzerrungen. Ungleichgewicht zwischen individuellem Freiraum und Rangordnung ist nur eine der zu erwartenden Balanceverluste.

Interessant ist die Tatsache, dass die Frage nach dem Motivationsaufbau auf den ersten Blick wesentlich leichter zu beantworten scheint als die Frage nach dem Antagonisten (Gegenspieler), welcher im Idealfall gar nicht als Antagonist auftritt. In der Lind-art® sind Motivation und Zügel Synergisten (Beispiel: Bizeps und Trizeps). Anhalten, Beenden, Warten, Umdrehen, Nichtbeginnen oder Zurückgehen nicht durch Meidemotivation, sondern synergetisch zu vermitteln, bedeutet eine große Herausforderung und ist eine der großen Leistungen der Lind-art®.

Die alte Gegenüberstellung von Motivation und Zwang, die auch heute wieder von einigen unverbesserlichen Leuten aufgegriffen und propagiert wird, ist, einfach gesagt, ein Irrtum. Zwang ist zweifelsfrei eines der Regulative innerhalb sozialer Strukturen, aber eben nur eines. Für die vielen Situationen, wo es darum geht, nicht gewünschte Verhaltensweisen zu verhindern, ist Zwang meistens das weniger geeignete oder gar ungeeignete Mittel.

Auf etwas zu warten ist zunächst einmal unangenehm. Wenn ein Hund beispielsweise gern schwimmt, dann will er, am Strand angekommen, unbedingt sofort ins Wasser. Wenn wir ihn plump dazu zwingen zu warten, so beschwören wir ein unproduktives, für beide unangenehmes Aufschaukeln der divergierenden Absichten herauf. Dasselbe gilt für <Platz>. Ohne Motivation tut sich der Hund schwer, das <Platz> auszuführen. – Was tun? Wie können wir das <Platz> transformieren?

Der Blick in die Natur belehrt uns: Warten steht, etwa beim Lauern vor einem Mauseloch, in direkter Verbindung mit dem zu erwartenden Erreichen des Ziels. So gesehen wird das Warten nicht nur spannend, sondern auch lustvoll. Übertragen wir dieses Prinzip auf die Tierpädagogik, so wird klar, dass wir zu jeder Aufgabe nach einer entsprechenden oder zumindest annehmbaren Triebbefriedigung suchen müssen. Dies ist der Ansatz meiner Methode Resonanz-Szenario.

Hier die Praxis: Wichtig ist, dass der „Zügel“ etwa auf Höhe der Schnauze gezeigt wird.

Hier als Beispiel mein viel zitierter Satz für die Übung <Platz>:

Aus liegen müssen wird lauern dürfen.

In der alten Ausbildung hat man die Leine genommen, den Kopf des Hundes runtergedrückt und den Schuh auf die Leine gestellt (wird heute noch gemacht – in Abwandlungen). Auf diese Weise kann natürlich kein Lustgefühl aufkommen. Der Hund wird die Übung meiden, wo er kann. Und wenn er einmal herausfindet, dass ihm auf dem Turnier nichts passiert, dann obsiegt der Hund durch Verweigerung, und der Sportler steht vor seinem selbst verschuldeten methodischen Scherbenhaufen.

Ich habe lange nach methodischen Wegen und Mitteln gesucht, welche als Gegenspieler (Antagonist, im Idealfall als Synergist) zur Motivation dienen könnten. Eine feste Verbindung im Sinne einer Leine sollte es nicht sein. Auch in der Natur finden wir weder Zügel noch Leine. Pferde wie Hunde nutzen Stimme und Körpersprache, um das Verhalten des anderen zu beeinflussen. Dies nahm ich mir zum Vorbild und entwickelte den immateriellen geistigen Zügel (EL1995), eine Kommunikationsmethode zur Beeinflussung für alle Vorgänge, die mit Warten, Halten und Beenden zu tun haben.

Noch eine andere Bedingung sollte erfüllt werden: Ich wollte keine Form von Meidemotivation. Diese Forderung schien zunächst unerfüllbar. Wie kann man einem Individuum das, was es nicht will, in etwas Angenehmes umwandeln? Aber auch hier gibt die Natur Antwort. Wir haben eingangs schon darauf hingewiesen: Die Emotion der Erwartung beinhaltet eine ungeheure Kraft, sie ist ihrerseits Motivation auf dem Weg (hin zum Ziel). Es wird also darauf ankommen, ein Ritual zu bilden, das den Hund beispielsweise zum „erwartungsvollen Warten“ veranlasst. Als Symbol verwende ich die gestreckt gespreizten Finger, eine Form, die im täglichen Leben so gut wie nie vorkommt. Ein Symbol, das gleichzeitig die Attribute der Spannung und des Gitters („Halt!“ oder „Warten!“) ausstrahlt: Durch die Finger hindurch ist das Ziel, zumindest anfangs, noch sichtbar.

Nun zur Praxis! Üben Sie den Vorgang zuerst trocken (ohne Hund). Wir stellen uns vor, wir geben dem Hund sein Fressen (das Fressen garantiert uns die Motivation). Sollte der Hund kein guter Fresser sein, können wir auch sein Lieblingsbällchen oder ein anderes MO verwenden.

Der Kleine wird herkommen und sein Fressen erwarten. Wir bringen Schüssel oder MO vor seine Schnauze, halten aber für einen kurzen Augenblick den geistigen Zügel (andere Hand) zwischen Schüssel und Schnauze. Der Welpe wird keine Zeit haben, irgendeine Strategie zum Erreichen seines Ziels zu bilden, denn nach einer halben Sekunde bekommt er sein Fressen. Diese Prozedur wird ihn vermutlich verblüffen. Bei jedem Fressen wird dieses Ritual wiederholt. Nach einigen Tagen dehnen wir die Zeit des Vorenthaltens ein wenig aus. Nach etwa zwei Wochen kommt ein neues Moment hinzu: Der Teamführer macht sich und das Fressen interessant, mittels Mimik und Akustik. So wird das Warten, wie in der Natur, zur Motivation auf dem Weg zum Ziel. Das Auflösen des Wartens kann in beliebiger Art und Weise erfolgen,

mittels Hör- oder Sichtzeichen. Ab hier kann die Zeit des Wartens ebenso wie die Distanz weiter und weiter ausgedehnt werden.

Bei manchen Welpen kann es vorkommen, dass sie vor der gespreizten Hand nicht den geringsten Respekt zeigen und einfach drübergehen. Etwas Ähnliches kann passieren, wenn der Hund den geistigen Zügel schon kennt und in der Regel auch akzeptiert, aber beispielsweise im Spiel so hoch motiviert ist, dass die Routine des Rituals einfach nicht ausreicht, um etwa ein situativ motiviertes Hochspringen abzublocken. In beiden Fällen ist die Ausnahme nicht nur erlaubt, sondern angebracht: Wir unterstreichen die Präsenz des geistigen Zügels durch einen kleinen Stups mit der flachen Hand auf die Nasenspitze in Verbindung mit <Nein>. Es ist unbestritten, dass wir uns hier einer Ausnahme in Form einer punktuellen Korrektur der (marginalen) Meidemotivation bedienen. Da jedoch der Vorgang als ganzer in bester Erinnerung verankert ist, aufgrund der vielen vorausgegangenen Wiederholungen, wird die Ausnahme keinen Schaden anrichten.

Noch ein praktischer Hinweis: Der geistige Zügel kann entweder mit der linken oder der rechten Hand oder mit beiden Händen gesetzt werden. Ob die Handinnen- oder -außenflächen gezeigt werden, ist ebenfalls gleichgültig. Entscheidend sind die gestreckt gespreizten Finger!

Mit der Zeit können Sie den geistigen Zügel in vielen Situationen des täglichen Lebens und im Sport einsetzen. Gegen Anspringen, zum Warten, zum Anhalten, zum Verweilen in einer Position, gegen Vorprellen beim Fußgehen und für vieles andere.

„Spiel ist der Luxus des Lebens" Spiel findet vornehmlich im „Entspannten Feld" statt. Satt, gesund, keine Gefahr, Wohlbefinden rundum ...

Spielend lernen

Achten Sie auf eine angenehme, ablenkungs- und stressfreie Umgebung. Sie und Ihr Welpe sollten in guter physischer und psychischer Verfassung sein. Die letzte Mahlzeit des Welpen sollte mindestens eine Stunde zurückliegen. Spielen Sie anfangs nicht mit zu vielen Objekten gleichzeitig. Damit sich eine tragfähige Objektappetenz (Appetenz aus dem Lateinischen: appentia= Begehren) bilden kann, braucht der Welpe mehrere Wochen. Allgemeine Spielappetenz und Objekt- sowie Futterappetenz sind die Trumpfkarten der auf Motivation aufbauenden Erziehung und Ausbildung. Bedenken Sie aber: Auch im Spiel mit Objekten sollten Sie sich mehr und mehr in den Vordergrund bringen. Also gehen Sie aus sich heraus und verwandeln Sie sich im Spiel, so wie es Kinder und Hunde tun. Nehmen Sie Rücksicht auf die beschränkte Konzentrationsdauer des Welpen. Spielen Sie nicht zu lange, sondern mehrmals am Tag kurz. Mit einem acht Wochen alten Welpen, je nach Rasse, zwischen zwei und fünf Minuten. Warten Sie mit dem Spielende nicht, bis der Hund keine Lust mehr hat oder sich nicht mehr konzentrieren kann, und versuchen Sie nicht, Spiele durchzuführen, die für Ihren Hund nicht geeignet sind.

Und: Achten Sie auf die Einhaltung der Spielregeln. Spielführer sind Sie! Anfang und Ende des Spiels bestimmen Sie, ebenso Spielraum und Spielform! Lassen Sie sich nicht dominieren! Regelwidrigkeiten wie Kleiderbeißen, ständigem Bellen oder Hochspringen wirken wir entgegen: durch Ablenkung, Spiel-Beenden, <Nein> oder, wenn nötig, mittels Nacken- oder Schnauzengriff, doch dazu später. Zeigen Sie am Ende des Spiels immer die gleiche Geste. Wir erinnern uns: Das Spiel bleibt ausnahmslos im sogenannten entspannten Feld. Will Sie der Hund dominieren oder kippt die Stimmung ab, so beenden Sie das Spiel. Mit dem MO darf der Kleine niemals allein spielen. Für Solitärspiele bieten wir – unter Aufsicht – andere Objekte an, zum Beispiel einen Apfel, eine Plastikflasche oder einen Kauknochen.

Spielanfang und -ende bestimmt der Spielführer. Bedienen Sie sich hierbei immer der gleichen Geste. So wie hier: „Schluss!"

Basisspiele

Das Basisspiel ist dem Spiel der Welpen nachgeahmt. Vergleicht man das Spiel der Welpen mit der Art, wie Menschen mit Hunden spielen, so fällt auf: Das Welpenspiel weist einen immens hohen Anteil an Berührungen auf. Das ist nicht verwunderlich. Hunde stehen auf vier Beinen! Die Wirbelsäule der Caniden liegt horizontal, die des Menschen vertikal. Wie sollen Berührungen mit dem aufrecht stehenden Menschen zustande kommen? Und: Der Mensch ist größer als der Hund. Diese Unterschiede werden im Basisspiel weitgehend aufgefangen.

Basisspiel: Mit dem Spieltuch Zerri wird der Welpe hinter dem Rücken durchgeführt. Der Polstersessel dient als Objekt; das zweite Zerri kommt zum Einsatz, wenn er angebissen hat (Beutetausch).

Hier ein improvisiertes Basisspiel: am Boden sitzend und mit Futter stimulierend. Die hinter dem Rücken aufgestellte Bank dient der Objektdesensibilisierung.

Man setzt sich auf den Boden, und zwar vor einen Gegenstand, etwa einen Schrank oder Stuhl (Indoor) oder vor einen Holzstapel, eine Blechtonne, Kiste, vor einen Zaun (Outdoor). Der Abstand zum Gegenstand sollte so groß sein, dass der Welpe ohne Schwierigkeiten zwischen dem Rücken seines Spielpartners und dem Objekt hindurchlaufen kann.

Hier ein anderes Basisspiel, mit dem Puppy-Egg ausgeführt.

Die beiden Spielpartner sehen sich fast auf gleicher Höhe in die Augen, der Mensch ist nicht mehr überdimensioniert hoch, und die Beine schrecken nicht mehr als senkrechte Säulen ab, sondern sie stehen in Winkeln von etwa 35 Grad. Jetzt stehen die Beine ideal zum Drüberklettern, Draufliegen, Drüberhüpfen und Untendurchschlüpfen. Locken Sie den Welpen, dass er zwischen Ihrem Rücken und dem Gegenstand hindurchläuft.

Im Basisspiel kommen wie von selbst zahlreiche Berührungen zustande. Das Spiel wird so im Ganzen ausgeglichener, „hundlicher“: Der Welpe fühlt sich an das Spiel mit seinen Geschwistern erinnert. Er geht aus sich heraus, spielt engagierter und selbstsicherer. (Auf der gleichnamigen DVD ist diese Spielform ausführlich dargestellt.)

Womit Sie den Welpen stimulieren, bleibt Ihnen überlassen. Es gibt viele Möglichkeiten: Knuddeln, Futter oder Beute-MOs. Setzen Sie ein, worauf er gut anspricht. Speziell für die ersten Welpenspiele habe ich die beiden Beißtücher Zerri entwickelt. Es wurden verschiedene Materialien auf Akzeptanz getestet und ein besonders weicher Stoff ausgewählt. Form und Länge wurden in zahlreichen Tests optimiert. Auch der Knoten in der Mitte erfüllt seinen Zweck – als Formgeber und Abgrenzung. Ein Bällchen oder das bereits erwähnte Puppy-Egg eignen sich ebenfalls für das Basisspiel.

Befangenheiten im Hinblick auf Berührung oder Nähe sind weiter verbreitet als angenommen. Da die traditionellen Prüfungen hauptsächlich auf Leistungstests ausgerichtet sind, bleiben Verhaltensauffälligkeiten oft unerkannt. Nie aufgefallen, stabilisieren sie sich und werden mehr und mehr zum Problem.

Nähe- und Berührungsprobleme sind ernst zu nehmen. Man müsste sie so früh wie möglich behandeln.

Im Basisspiel, welches eine Übung der Team-Balance-Prüfung ist, sieht man in wenigen Sekunden, wenn ein Hund Berührungs- oder Näheprobleme oder auch Objektbefangenheit zeigt. In diesen Fällen fördern wir Unbefangenheiten gezielt – gegenüber Berührung, Objekten und im Hinblick auf Nähe. Wir reduzieren die Reizintensität unter die Reaktionsschwelle und beginnen mit der Desensibilisierung, die wir in kleinsten Schritten steigern. Das Basisspiel ist ein hervorragendes Spielmodell für Grundlegung und Ausbau der Bindung. Ganz davon abgesehen, dass Welpen weit mehr aus sich herausgehen als bei normalem Spiel in der üblichen stehenden Haltung des Menschen.

Zur Praxis: Setzen Sie sich wie auf den Abbildungen auf den Boden, locken Sie den Kleinen mit seinem Lieblings-MO und beginnen Sie ein engagiertes, abwechslungsreiches Spiel. Hat er das MO erwischt, dann gestalten Sie mittels eines zweiten MOs einen Beutetausch, und weiter geht's. Gestalten Sie das Spiel so, dass immer wieder viel Berührungen vorkommen.

Zurückbringen und Kommando <Aus>

Welpen lernen schon in der Aufzuchtzeit, dass Ressourcen wichtig sind und dass man sie tüchtig verteidigen muss: Hat man ein Beutestück

Beute ergattert. Was macht der Welpe? Er zieht sich zurück, wirft sich hin, legt die Pfote auf das Objekt und beginnt es zu zerkleinern.

gefunden oder ergattert, läuft man erst mal von der Meute weg, bringt es in die vermeintliche Sicherheit, wirft sich dann locker auf den Boden, legt eine Pfote über das Objekt, und dann wird genüsslich zerkleinert und genagt (ursprünglich: Beutestücke zerkleinern und Abschälen von Knochen). So weit das Ritual.

Und nun kommt der Mensch und erwartet, dass der Kleine ihm die Spielbeute freiwillig zurückbringt. Bei den meisten Hunden klappt das nicht. Was tun?

Auch hier wieder unsere gewohnte Vorgehensweise des Transformierens: Wir gestalten die Übung des Zurückbringens um, und zwar auf den Hund bezogen. Am besten verwenden Sie zwei identische MOs (empfohlen: zwei Zerris). Setzen Sie sich auf den Boden und „beleben" Sie das Tuch – mit der Stimme, mimisch und mit Haltung und Bewegung. Es wird nicht lange dauern, bis der Kleine den Fang einsetzt und in das Tuch beißt. Zerren Sie maßvoll dagegen und lassen Sie aus, wenn er besonders tüchtig war beim Beutestreiten. Jetzt wird er, wenn Sie nichts tun, damit weglaufen und das oben beschriebene Szenario abspielen. Sie kommen dem zuvor, indem Sie sein Interesse auf etwas anderes lenken: Sie zaubern das zweite Zerri aus der Tasche und veranstalten ein mitreißendes Spiel mit dem Tausch-Zerri. Das alte Zerri erfährt keine Belebung mehr und ist daher weniger interessant als das neue, belebte Zerri. Besonders tüchtige Hunde riechen allerdings den Braten und tauschen nicht so ohne Weiteres. Der Welpe kaut dann womöglich beharrlich

In die Augen sehen und glaubwürdig dagegenziehen. Der Mensch muss das erst lernen.

auf seiner Beute und tut so, als wären Sie ihm völlig gleichgültig. Lassen Sie sich nicht bluffen. In Wirklichkeit verfolgt er genau, was Sie machen. Seien Sie geduldig und: einfallsreich. Wenn es nicht gleich klappt, holen Sie sich Verstärkung (Hilfsperson) und spielen Sie zu zweit, ohne Hund, mit dem Tausch-Zerri. Die ersten Male kann es lange dauern, bis der Kleine sich umorientiert. Aber nach einigen Wiederholungen werden Sie es geschafft haben, und ab da tauscht dann der Welpe immer schneller.

Die Animation der Tauschbeute ist einer der beiden Ansätze, damit der Welpe die Beute freiwillig zu Ihnen zurückbringt. Die noch stärkere Motivation für das Zurückbringen wird frei, wenn Sie sich im Spiel an die Kraftgrenzen des Kleinen herantasten und so stark ziehen, dass er es kaum noch schafft gegenzuhalten. Das Ganze muss unbedingt glaubwürdig aussehen. Im Spiel übrigens sehen sich die caniden Spielpartner ununterbrochen in die Augen. Wenn das entspannte Feld gegeben ist, hat das nichts mit ernsthaftem Drohfixieren zu tun. Lachen Sie nicht beim Kontern, sondern spielen Sie einen ebenbürtigen Partner. Keine Angst, die immer wieder heraufbeschworene Annahme, Konterspiele seien die Ursache für Dominanzansprüche, ist einfach falsch! Papier ist geduldig. In zwölf Jahren, in denen ich etwa 7000 Teams betreut habe, kam kein einziger Fall vor, der diese These rechtfertigen würde. Allerdings, das sei wiederholt, ist es wichtig, die Grundzüge richtigen Spielens zu kennen und sie auch umzusetzen. Aber das lernen wir ja in diesem Buch –

Schöner Beutetausch. Nur ein kleiner Fehler: Frauchen lacht den Welpen an, was eigentlich gut gemeint ist. Aber damit demonstriert sie das Ungleichgewicht der Kräfte. Sie spielt das „Gnadenspiel": Diese Form des „Gewinnenlassens" ist nicht annähernd so wirkungsvoll wie das echt gespielte Besiegtwordensein.

am besten in Verbindung mit der gleichnamigen DVD. Und am allerbesten, wenn Sie zusätzlich auch mal ein Seminar bei einem meiner Tutoren oder bei einem Kurs der (lizensierten!) Lindart®-Trainer besuchen.

Zurück zum Thema: Je glaubwürdiger Sie das Spiel gestalten, desto mehr wird sich die Motivation des Welpen auf die soziale Komponente des Spiels verlagern. Das heißt, seine ursprüngliche Zielsetzung, nämlich die Beute wegzutragen, verblasst im Vergleich zu dem, was im Augenblick abläuft: Kampfspiel! (Keine Angst vor diesem Wort! Es sind in der Tat nur Spiele!) Das „In-Sicherheit-Bringen" verblasst noch mehr im Vergleich zu dem, was am Ende des Konterspiels steht: Der Kleine, wenn er besonders tüchtig gezogen hat, bekommt die Beute. Sie lassen los. Stellen Sie sich mal vor, wie sich Ihr Welpe fühlt! Er hat im Spiel gegen Sie gesiegt. Dieses Siegergefühl will er so schnell wie möglich wieder erleben. Was macht er? Er trägt die Beute nicht fort! Nein! Er läuft auf dem schnellsten Weg zu Ihnen und fordert Sie zu einem neuen Match heraus: „Auf geht's! Da bin ich! Komm her, du Flasche! Ich bin stärker als du! Das zeig ich dir!" Denken Sie nicht, er bringt die Beute zurück, weil er Ihnen einen Gefallen tun will. Nein, er sucht seinen Vorteil. Und das darf er, im Spiel und im Rahmen, den Sie diesem Spiel geben.

Nach etwa einer Woche beginnen Sie, beim Beutetausch das Hörzeichen <Aus> einzubringen. Sehen Sie, und wieder ist es gelungen, einen an sich für den Hund unangenehmen Vorgang in etwas Lustvolles umzuwandeln. Was hier abläuft, ist in einem Satz gesagt: „Aus ist neue Jagd." (EL1998)

Weil die neue Jagd viel verspricht und unmittelbar nach dem Aus folgt, erhält das Aus eine andere emotionale Qualität und Orientierung als vorher: Aus dem alten Abgeben-Müssen wird Nachjagen-Dürfen.

Von da aus ist es nur noch ein kleiner Schritt zum freien Aus, dem Aus ohne Tauschobjekt.

Aus Sicherheit üben wir mit unseren Welpen (und erwachsenen Hunden!) das Aus auch beim Fressen (siehe DVD).

Hand- und Fangspiele

In vielen Büchern ist zu lesen, aus Sicherheitsgründen solle man das Beißen in die Hand von vornherein nie zulassen. Die Tabuisierung ist jedoch kein Allheilmittel. Im Gegenteil, sie bringt einige schwerwiegende Nachteile mit sich. Sehen wir uns Tabuisierungsvorgänge etwas näher an.

Zur Vermeidung des Beißens werden in der Regel Ablenkung oder Meidemotivation empfohlen. Ablenkungsmöglichkeiten stehen jedoch in der Gefahrensituation nicht immer zur Verfügung, und das Motivationsniveau einer Ablenkung reicht oft nicht aus, um beispielsweise ein schmerz- oder angstorientiertes Zubeißen zu verhindern. Hinzu kommt: Meidemotivationen, die ohne variable Balance vermittelt wurden, sind nicht ausreichend zuverlässig. Welche Alternative bietet sich an?

Fragen wir uns: Wie läuft der Lernprozess der Beißhemmung bei Welpen ab? Zunächst ist festzuhalten: Die Beißhemmung bei Welpen ist nicht angeboren. Sie müssen sie lernen. Welpen beißen sich gegenseitig bis in den Schmerzbereich. Sie lernen die Beißhemmung nicht durch Tabuisieren, sondern durch Austarieren, wobei der individuelle Schmerz auf der einen Seite und das Ausdrucksverhalten des Gegenübers als Regulative wirken. Wir wissen heute: Die im Hunderudel erlernte Beißhemmung überträgt sich nicht automatisch auf den Menschen. Was liegt näher, als sie ein zweites Mal zu lernen, diesmal in Verbindung mit dem Menschen? Daraus geht hervor, dass der ethologisch und methodisch richtige Weg nicht das Tabuisieren des Beißens, sondern das Üben des kontrollierten Beißens ist. Daher vertrete ich die Auffassung: Was vor Beißunfällen mit Menschen mehr als alles andere schützt, ist die gründlich vermittelte zweite Beißhemmung (EL1999). Wir dürfen nicht vergessen: In Extremsituationen wie Schmerz oder Angst beißen Hunde. Sie können gar nicht anders, denn dieser Vorgang läuft instinktiv ab – auf dem kurzen Nervenweg, also ohne adaptive Kontrolle. Das heißt, das Beißen an sich können wir nicht ausschließen. Was wir jedoch tun können ist, das Beißen so zu formen, dass es, wenn es vorkommt, verletzungsfrei abläuft. Hierfür habe ich 1997 die Hand- und Fangspiele entwickelt. Die Hand des Menschen ersetzt in einer den Welpenspielen nachgeahmten Spielweise den Fang des Geschwisterwelpen:

„Was für den Menschen die Hand ist, ist für den Hund der Fang." (EL 1998)

Nun zur Praxis: Auch bei dieser Übung setzen wir uns anfangs auf den Boden. Wir verwickeln den Kleinen in ein Balgspiel. Es wird nicht lange dauern, bis er beginnt, den Fang einzusetzen und uns in die Hand zu beißen. Das lassen wir, aktiv

*Nicht das **Tabuisieren des Beißens**, sondern das **Einüben des kontrollierten Beißens** beugt Gefahren vor. Hand- und Fangspiele wurden dem Naturvorbild nachgeahmt. Der Welpe lernt die Beißhemmung mit dem Menschen noch einmal. Wir sprechen daher von **zweiter Beißhemmung**.*

mit der Hand mitspielend, zu! Wenn er allerdings zu heftig wird und uns wehtut, schreien wir kurz auf und revanchieren uns, indem auch wir ihn beißen (spürbar zwicken). Er muss schon ein wenig jaulen oder winseln, sonst war unsere Revanche zu schwach.

Auch hier gilt: Ob sich in dieser Situation der Schnauzengriff als einziges Mittel anbietet, ist zu bezweifeln. Welpen untereinander sind nicht sehr wählerisch, wenn es darum geht, sich zu wehren. Sie beißen, wo sie den anderen gerade erwischen. Wichtiger als die Frage nach der optimalen Stelle Ort, in die gebissen wird, ist die Tatsache, dass die Revanche unmittelbar nach dem Angriff einsetzen muss. Einige Sekunden später ist zu spät.

Schnauzengriffe, das ist in der gleichnamigen DVD eindrucksvoll gezeigt, können zur Eskalation führen. Oft ist ein Klaps harmloser und wirkungsvoller.

Gehen Sie nach zwei, drei Wochen dazu über, gleichzeitig zu Ihrer Einwirkung ein deutliches <Nein> zu sagen. Später übernimmt das <Nein> als stellvertretendes Signal die schmerzhafte Revanche, welche alsbald in ihrer ausgeprägten Form nur noch selten benötigt wird.

Das Hand- und Fangspiel wird täglich, wenn möglich mehrmals geübt. In ein bis zwei Wochen wird man sehen, dass der Welpe gelernt hat, vorsichtig zu beißen. Später muss die Beißhemmung, wie alles, was der Kleine je gelernt hat, dann und wann aufgefrischt werden. An einigen aufeinanderfolgenden Tagen sollte das Spiel zur Auffrischung wiederholt werden.

Spielgestaltung

Damit wir lernen, ähnlich wie Hunde untereinander zu spielen, sollten wir die fünf Gestaltungsregeln der Lind-art® berücksichtigen.

Trockenübungen sind keine „Clownerie“ (Teilnehmerzitat aus Biberist), sondern der Schlüssel zum Erfolg. Körpersprache, die der Hund verstehen soll, muss man erst lernen.

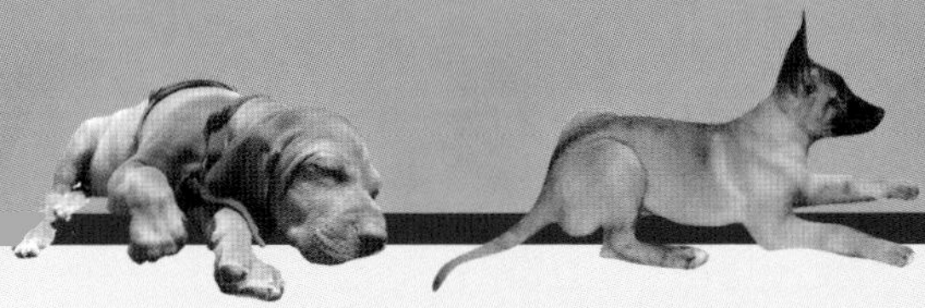

Lind-art®-Spielgestaltungsregeln

Wichtig ist es, für den Hund glaubwürdig zu sein und einen annähernd gleich starken Spielpartner für den Hund darzustellen. Außerdem:

- Tief spielen

Am besten agieren Hunde auf vier Pfoten. Wenn man den Hund vorn hochhebt, demonstriert man sich übermächtig, und gleichzeitig nimmt man ihm die motorische Balance.

- Nah am Fang spielen

Es frustriert den Welpen, wenn das Objekt ständig schneller ist als er selbst.

- Chancenreich spielen.

Wenn der Mensch jeden Spielzug vorausplant, so ist das für den Welpen alles andere als motivierend.

- Abwechslungsreich spielen

Je größer das Repertoire, desto besser.

Spielablauf Beutestreiten

- Ziehen
- Spielstellung und Halten (beziehungsweise Ziehen)
- Parallelziehen (parallel Laufen und Ziehen)
- Wegschubsen
- Rucken
- Rütteln
- Peitschenschlag
- Überraschungsaktion
- Griff verbessern (Nachfassen)
- Hinausdrängen
- Spieldrohen, Knurren und Ähnliches
- „Psychologische Kriegsführung": groß machen und Aktion
- Täuschung (so tun, als sei man nicht mehr interessiert)
- Position drehen

Spielrepertoire Beutestreiten

Auch was das Beutestreiten betrifft, orientieren wir uns am Vorbild der Natur. Hier einiges aus dem Repertoire der Hunde, wenn sie spielerisch um eine Beute ringen:

Um das alles zu verinnerlichen, üben wir die einzelnen Punkte zuerst ohne Hund. Auch hier bietet sich das Trockenspiel zu zweit an: Einer spielt den Hund, der andere den Teamführer. So lernt man beide Perspektiven kennen.

Achten Sie beim Peitschenschlag darauf, das MO leicht diagonal zu führen. Vertikale Bewegungen sind wegen der Gefahr einer Halswirbelsäulenverletzung zu vermeiden. Die horizontale Neigung sollte 30 Grad nicht übersteigen.

Spieldrohen, Knurren und Ähnliches vermeiden wir, da diese Verhaltensweisen oft das Verlassen des entspannten Feldes einleiten.

Was der Kleine wohl entdeckt hat? Geben Sie ihm viele Möglichkeiten, seinen Explorationsdurst zu stillen und mit seiner Kreativität zu experimentieren.

Jetzt fehlt uns nur noch die Spieleinleitung. Hier sind der Fantasie keine Grenzen gesetzt. Bevor Sie das MO präsentieren, beginnen Sie, es zu „beleben“. Verstecken Sie es zum Beispiel unter dem Teppich (Indoor) oder unter Ihrer Weste (Outdoor). Bewegen Sie es ein wenig, sodass Geräusche entstehen. Und dann fängt die Beute auf einmal an zu „laufen“. Gestalten Sie den Auslöser ruckartig und explosiv.

Spielideen

Hier eine kurze Aufstellung hundetypischer Spielformen:

- Bewegungsspiele (Solitärspiele: Sprünge, Hüpfen, Beschleunigen, plötzlich Anhalten (scheinbar unmotiviert), Wälzen, Spielstellung – Gemeinsame Bewegungsspiele: Lauf- und Haltungsspiele
- Rollenspiele: Verteidigen eines Ortes, zum Beispiel einer Höhle, eines erhobenen Punktes („King of Castle“), eines bevorzugten Platzes
- Verfolgungsspiele: zum Beispiel Nachjagen, Abfangen, Überrennen, Verstecken (flach ducken), Anschleichen, Anspringen
- Kampfspiele: Balgen, Beißspiele
- Bellspiele: Spielbellen, Spielknurren, Bellgefechte, Aufforderungsbellen
- Beutespiele: solitär, zum Beispiel einen Ball auf eine Liege legen, loslassen, sodass er hinunterrollt, und unten wieder auffangen; mit Pfoten oder Fang in die Luft werfen, Anschleichen, Anschubsen, Ausbellen
- Interaktiv als Sozialspiele: Aufforderungsspiele, die den anderen zum Wettstreit animieren, Zerrspiele
- Weglaufen (mit Spielbeute) und Verfolgen
- Anschleichen und Anspringen, Abfangen

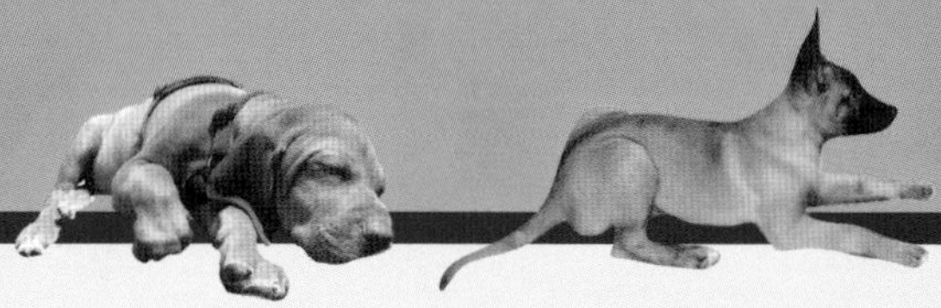

Hier ist zu erwähnen, dass ein wesentliches Kriterium canider Spielformen darin besteht, dass einzelne Elemente aus verschiedenen Formkreisen willkürlich kombiniert und gereiht werden können.

Hunde scheinen ihren eigenen Körper im Spiel kennenzulernen. „Sie verhalten sich bei Bewegungsspielen nicht anders als Kinder“ (Eibl-Eibesfeldt). Im Entdecken ihrer motorischen Möglichkeiten experimentieren sie ausgiebig, erfinden neue Kombinationen, die sie dann unermüdlich als Mode aufrechterhalten und nach einiger Zeit, meistens dann, wenn sie den Vorgang motorisch beherrschen, durch neue Moden ablösen.

Ich denke, dass diese kurze und unvollständige Aufstellung canider Spielformen eine Menge Anregungen beinhaltet, wie man als Mensch mit Hunden spielen kann. Verteidigen eines Ortes beispielsweise: Sie knien sich in Ihrer Wohnlandschaft zwischen Sofa und Sessel, geben mit einem Objekt auffällig an, und wenn der Kleine dann herkommt, verteidigen Sie Ort und Objekt. Oder ohne Objekt: Sie verteidigen in einer Art Bellgefecht ihren privilegierten Ort. Oder Sie spielen auf Ihrem Spaziergang ein Versteckspiel. Tipp: Haben Sie bei Bewegungsspielen immer ein Beißtuch oder etwas Ähnliches dabei. In der Regel dauert es nicht lange, bis der Kleine den Fang einsetzt. Wenn Sie dann nichts anbieten können, wird er Ihre Hose oder Ihr Kleid zweckentfremden. Wenn Sie seine Beißlust mit einem entsprechenden Objekt abfangen können, vermeiden Sie spielfeindliche Korrekturen.

Vergessen wir nicht, dass auch die Solitärspiele nicht zu kurz kommen dürfen. An uns liegt es, auch für diese Spielform die nötigen Voraussetzungen zu schaffen. Lassen Sie beispielsweise den Welpen mit dem Puppy-Egg eine Zeit lang allein spielen – wobei Sie aber zusehen. Wenn das Solitärspiel abzuflauen beginnt, nehmen Sie das MO weg. Bieten Sie immer wieder neue, interessante Objekte und Situationen zum Solitärspiel an. Im Solitärspiel werden die individuellen kreativen Kräfte herausgefordert, erprobt und damit gefördert. Vor allem in der Rettungs- und Polizeihundeausbildung ist frühe Kreativitätsförderung unersetzlich!

Motivation

Die modellhafte Gliederung in sechs Motivationsbereiche hat, als ich sie 1996 herausbrachte, in Sportkreisen für Aufsehen gesorgt. Die meisten setzten damals auf mehr oder minder ausgeprägten Zwang. Wer damals Motivation nutzte, bediente sich der Futter- oder Beutemotivation. Bewegung, Akustik oder Mimik einzusetzen, war weitgehend unbekannt oder verpönt. Das hat sich inzwischen geändert, nicht zuletzt unter dem Einfluss der Fachbuchbestseller *Richtig spielen mit Hunden* und *Mensch-Hund-Harmonie* und meiner unermüdlichen Seminartätigkeit in den letzten zehn Jahren.

Im Modell der sechs Motivationsbereiche werden die wichtigsten Möglichkeiten dargestellt, die man hat, um gelungene Interaktionen mit Hunden durchzuführen.

Leider spielen (und trainieren) heute noch sehr viele Teamführer, indem sie aus dem Bauch heraus stimulieren, mehr oder minder unbewusst. Will man jedoch effektiv und gezielt

formen also Verhaltensveränderungen vermitteln, so führt kein Weg am bewussten Umgang mit Stimulationen vorbei. Man sollte daher wissen, wie der Hund auf welche Stimulation reagiert. Zuerst muss einem klar werden, was beispielsweise Haltung und Bewegung, und zwar isoliert, ohne Stimme oder Berührung, bewirken.

Es hat sich bewährt, die sechs Bereiche zuerst trocken (ohne Hund) zu üben, und zwar so, dass man sich jeweils nur einen Bereich vornimmt. Die Isolierung (genauer gesagt ist es eine Betonung) auf einen Bereich vermittelt in Kürze jenes Know-how, das erforderlich ist, um aus dem unübersehbaren Reservoire an Möglichkeiten das auszuwählen, was für die anliegende

Man wird immer mutiger. Wurde in der achten Woche noch das dünne Ende angebissen, traut man sich jetzt schon an das dicke Ende. Noch ein paar Wochen, und der Kleine nimmt das Puppy-Egg in der Mitte.

Übung, für den individuellen Hund, in seinem Ausbildungsstand und in seiner Tagesverfassung besonders geeignet und vielversprechend ist.

Noch ein Tipp: Bemühen Sie sich im Spiel, wenn der Hund die Konzentration verliert, nicht den Namen des Hundes oder <Komm> zu rufen. In diesem Augenblick fallen Sie, ohne es zu merken, wieder in den alten Trott: Wenn es dem Hund langweilig wurde, dann kommt wieder die traditionelle Unter-Ordnung, und sei es auch nur im Klang der Stimme. Auch der gut gemeinte Ausruf: „Spiel jetzt endlich!!“, mit zwei vielsagenden Ausrufezeichen am Ende, beinhaltet psychischen Druck. Und der Name, in ähnlichem Klang, bedeutet oft drohende Forderung. Beides ist das Eingeständnis des Teamführers, dass er sein Vorhaben, durch Stimulation zu motivieren, nicht geschafft hat. Egal, was und wie wir spielen, es muss uns gelingen, für den Welpen interessant zu werden, im Idealfall so interessant, dass er sich nicht ablenken lässt. Das äußere Zeichen hierfür ist der Blickkontakt. Solange der Hund uns ansieht, so lange ist er nicht abgelenkt.

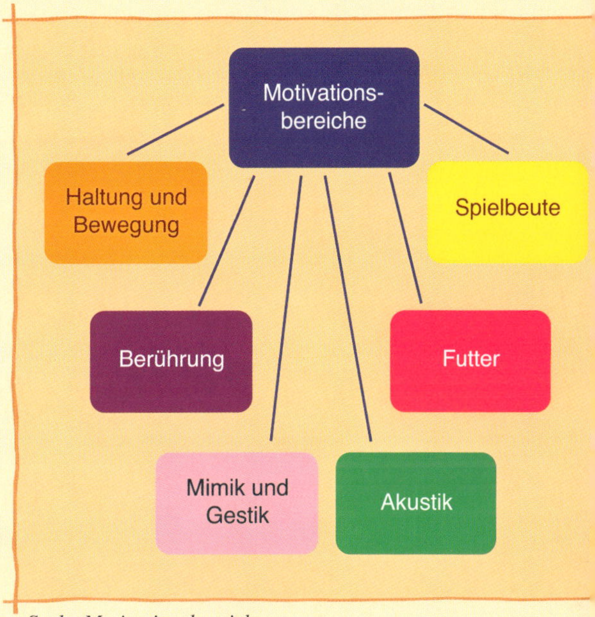

Sechs Motivationsbereiche
(Grafik: Ekard Lind, 1996)

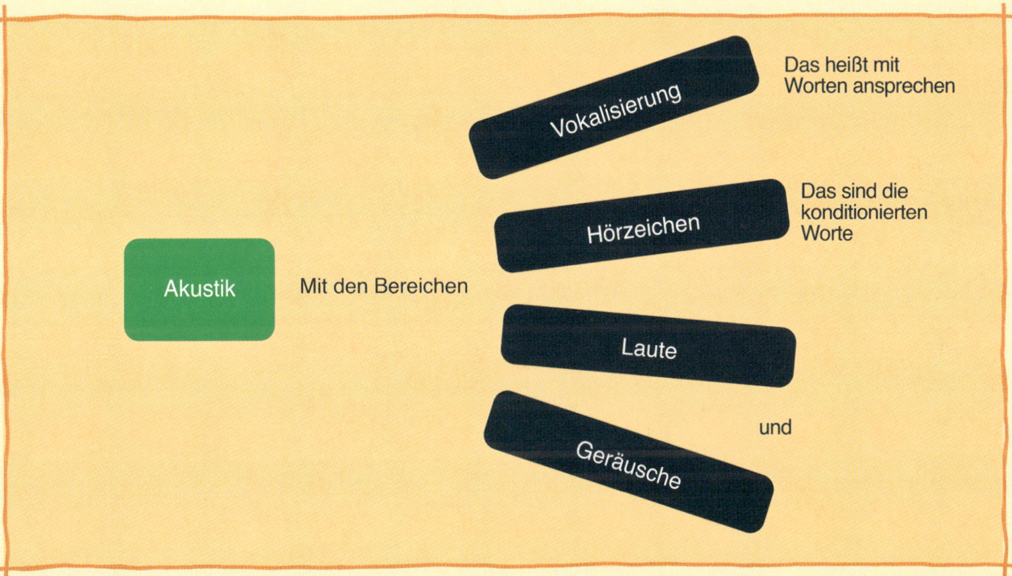

Unterbereiche der Akustik:
(Grafik: Ekard Lind)

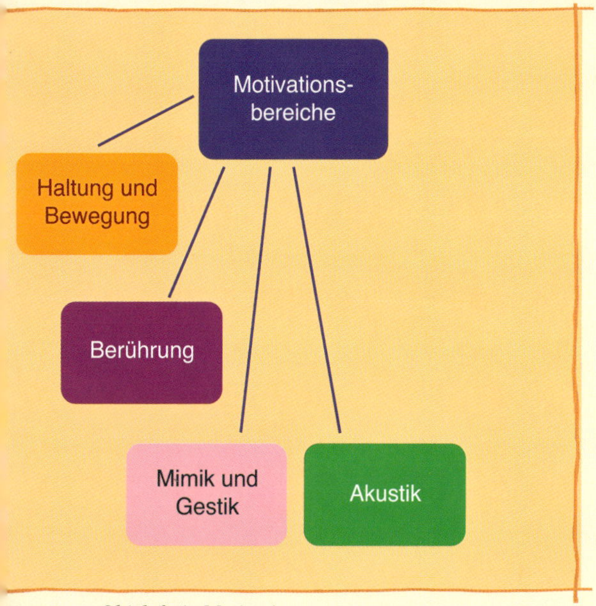

Objektfreie Motivation.
(Grafik: Ekard Lind)

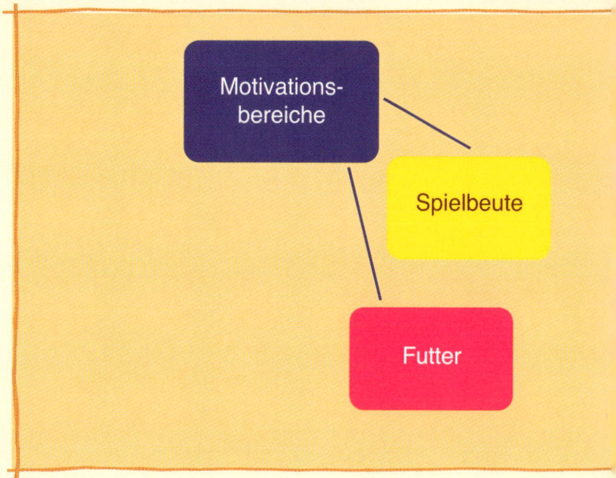

Objektmotivationen.
(Grafik: Ekard Lind)

Auch die Mimik des Menschen ist ausgesprochen vielfältig und aussagekräftig. Sich ihrer bewusst zu werden, sie zu üben, ist ein Gewinn und macht Spaß. Sie in Verbindung mit dem Hund verständlich zu ritualisieren, dient der Mensch-Hund-Harmonie.

Eine wichtige Differenzierung liegt in der Aufteilung jener Motivationsbereiche, die mit und jener, die ohne Objekte genutzt werden. Wir sprechen daher von objektfreien und Objektspielen.

Die objektfreien Spiele haben den Vorteil, dass man alles, was man braucht, immer dabei hat, dass man kein zusätzliches Objekthandling lernen und einsetzen muss und drittens: Die für viele schwierige Entwöhnung vom Objekt entfällt. Die objektgebundenen Bereiche haben den Vorteil, dass sie hohe Aktionsbereitschaft freisetzen.

In der Lind-art® wird keiner der sechs Bereiche favorisiert. Alles, was stimuliert, entzündet Motivationen, und jede Motivation kann genutzt werden.

Leider ist es so, dass immer noch viele Hundebesitzer meinen, spielen und motivieren könne ja sowieso jeder. Aber spielen und „richtig spielen" sind zweierlei. Und es ist falsch, wenn man meint, mit Spiel könne man keine Fehler machen. Ich habe Teams gesehen, wo der Hund durch Spiel, durch viel und engagiertes Spiel, bis zur Unkenntlichkeit seiner Individualität vereinnahmt wurde. Andere hatten im Spiel derart viel Druck vermittelt, dass der Hund mehr und mehr in die Apathie oder in Angstverhalten flüchtete. Spiel und Motivation bedeuten Chancen, die vielversprechendsten Chancen für Harmonie, Lust und Erfolg, aber sie sind keine Garantie.

Erziehung im Alltag

Im Leben mit unserem Hund gibt es viele Erziehungselemente, die wir so in den Alltag integrieren können, dass sie zur Selbstverständlichkeit werden. Vieles muss der kleine Hund aber erst kennenlernen, um sich erfolgreich an die Welt des Menschen anpassen zu können. Es werden wichtige Regeln festgelegt, die das Gelingen der Beziehung beeinflussen. Dazu gehört auch der richtige Umgang mit den sogenannten Unarten des Hundes.

Hat man in der Welpenerziehung bereits eine gute Basis erreicht, kann diese Schritt für Schritt erweitert werden. Hundehalter betrachten manche Dinge aus der Perspektive der Notwendigkeit heraus. Alles was wir mit unserem Hund tun, hat aber eine wichtige Bedeutung für seine Erziehung.

Auch Pflege ist Erziehung

Hundehalter sehen Pflegemaßnahmen oft nur aus der Perspektive der Notwendigkeit: Striegeln erkennt man als wichtig, besonders beim

Fellwechsel, da sie sich sonst gleichmäßig im Haus oder im Auto verteilen. Zähneputzen ist ebenso wichtig. Leider sieht man immer wieder Hunde mit ungepflegten Zähnen, die Zahnhälse mit Zahnstein bedeckt und voller Nahrungsreste. Auch die Ohren des Hundes müssen in Abständen gereinigt werden.

Damit sich der Welpe diese Prozeduren problemlos gefallen lässt, ist es wichtig, alle Pflegemaßnahmen schon früh zu üben. Gehen Sie geschickt und einfühlsam vor, aber geben Sie nicht nach, wenn er sich sträubt. Auch die Mutterhündin besteht auf Pflegemaßnahmen. Wenn der Kleine nicht will, knurrt sie drohend, und wenn das nicht ausreicht, folgt die Maßregelung (siehe DVD).

Zur Praxis: Beim Striegeln sollte man darauf achten, sanft durchzuziehen, vor allem in den schmerzempfindlichen Regionen am Bauch, in der Nähe der Genitalien, in den Lenden und an der Rute. Überall dort, wo die Haare dünner sind, ist auch die Empfindlichkeit höher.

Hier eine Aufstellung, was der Kleine zusammen mit seinem Besitzer im Bereich der Pflegemaßnahmen alles lernen sollte:

- Fellpflege (Bürste, später Striegel)
- Ohren reinigen (Wattebausch und Spezialwattestäbchen!)
- Augen ausreiben und Augensalbe beziehungsweise Augentropfen einbringen
- Krallen schneiden (Vorsicht, Einschulung beim Tierarzt empfohlen!)
- Zähne putzen
- Duschen (lauwarmes Wasser ohne Zusätze!)
- Maulkorb anlegen*

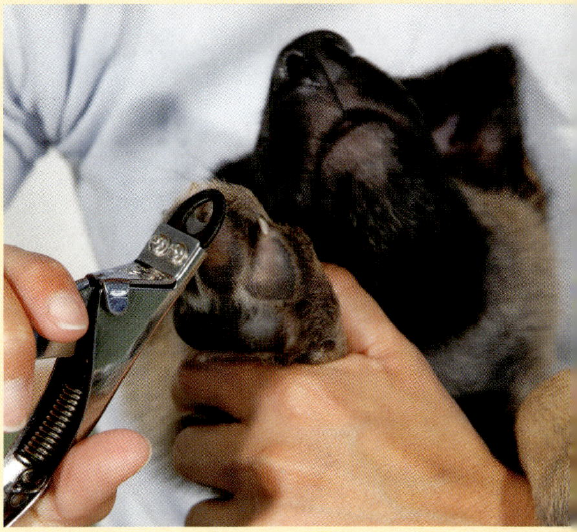

Vorsicht beim Krallenschneiden: Schräg von der Bauchseite nach außen hin und auf keinen Fall zu tief schneiden!

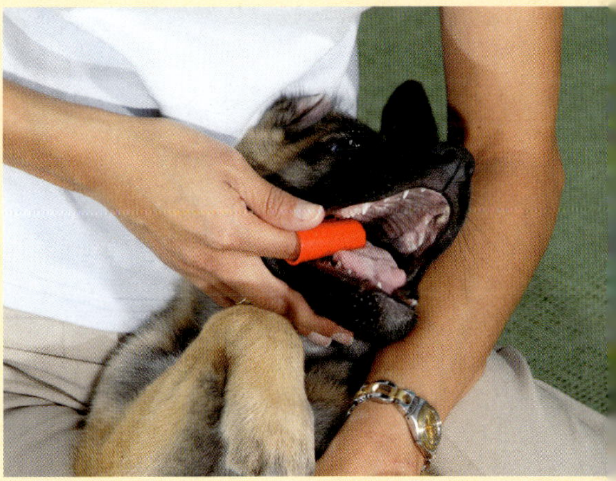

Wenn der Hund als Welpe das Zähneputzen nicht lernt, wird er es sich später kaum gefallen lassen.

** In manchen Städten besteht in öffentlichen Verkehrsmitteln Maulkorbpflicht. Wenn Sie den Maulkorb schon im Welpenalter einführen, wird Ihr Hund später nie mehr Probleme damit haben. Es gibt aber noch andere Gründe, die für den Maulkorb sprechen. In Situationen, wo der Hund unter extremem Disstress steht oder Schmerzen leidet, können Sie ihm nur helfen, wenn er sich einen Maulkorb anlegen lässt.*

Auch bei der Desensibilisierung des Maulkorbtragens gehen wir in kleinen, behutsamen Schritten vor: Zuerst legen wir den Maulkorb auf den Boden, dann bewegen wir ihn wie eine Spielbeute, und legen ein Leckerli in die Nähe der Öffnung. Nun halten wir den Maulkorb mit der Öffnung nach schräg oben und legen ein Leckerli hinein, sodass der Kleine mit der Schnauze hineinmuss, um das Leckerli zu holen. Wenn der Hund den Maulkorb annimmt, sollte er anfangs nur für kurze Augenblicke getragen werden. Die Tragedauer soll erst allmählich gesteigert werden.

Die klassischen Grundübungen <Sitz>, <Platz> und <Steh>

Das <Komm> als die wichtigste Übung haben wir schon behandelt. Im täglichen Leben sollte der Hund jedoch noch mehr können. <Sitz>, <Platz> und <Steh>, die Übungen aus der Standard-Unterordnung, sind in vielen Situationen des täglichen Lebens hilfreich. Welche Hörzeichen Sie hierbei verwenden, bleibt Ihnen überlassen. Warten Sie mit den Grundübungen aber mindestens so lange, bis das Eingewöhnen abgeschlossen ist und das Basisspiel zufriedenstellend läuft. Der Welpe wird dann bereits ungefähr drei Wochen in Ihrem Hause sein.

Es sei davor gewarnt, Grundübungen im Welpenalter mit Druck oder auch nur Strenge zu vermitteln. Bemühen Sie sich, alle Übungen rein spielerisch zu vermitteln:

„Üben bleibt Spiel!“ (EL 1995)

Verzichten Sie in der Vermittlungsphase auf Hörzeichen. Dem Welpen bedeuten sie ohnehin noch nichts. Und: Die Gefahr ist groß, dass Sie im Aussprechen des Hörzeichens Druck oder Unsicherheit äußern, und das behindert den Erfolg. Warten Sie mit dem Einsatz der Hörzeichen jeweils so lange, bis der Welpe die Übung begriffen hat. In der Regel dauert das drei bis fünf Tage.

Hier eine andere Vermittlung des <Platz>: Durch Körpersprache (Arme auf den Boden werfen). Auch hier stimuliert die Teamführerin den Welpen allein durch freundliche Mimik und Gestik.

Wir beginnen mit jener Aufgabe, die der Kleine am leichtesten bewältigt. Bei vielen Hunden ist dies <Sitz>. Übrigens, wenn Sie später Sport ausüben wollen, empfiehlt sich, für „Haus“ und „Sport“ verschiedene Hörzeichen zu verwenden; denn im Sport sollte ja eine ganz bestimmte Ausführung erreicht werden, und die kann nur kurzzeitig aufrechterhalten werden. Im täglichen Leben stellt die Sportausführung eine Überforderung dar.

Für die Vermittlung der Übungen brauchen wir die Motivation des Hundes. Die naheliegendste und daher älteste Form der Motivation ist Futter. Wenn Sie den Rat, den Kleinen früh an vielseitige Ernährung zu gewöhnen, befolgt haben, werden Sie jetzt kein Problem haben, als Leckerli die unübertroffenen Apfelstücke einzusetzen.

Wenn nicht: Es ist nie zu spät!

Für das <Sitz> verwenden wir die altbewährte Methode, ein Leckerli oder eine Spielbeute über den Kopf des Welpen nach hinten zu führen. Viele meinen, der Hund setzt sich, weil er weiß, was er soll. Das ist falsch. Der wirkliche Grund ist: Ab einem bestimmten Winkel wird ihm die Haltung (horizontale Wirbelsäule!) unangenehm; um besser sehen zu können – und zwar mit einem angenehmen Körpergefühl –, setzt er sich, was wir sofort mit einem Leckerli belohnen (motorische Adaption EL). Warten Sie mit der Belohnung aber nicht, bis er vorschriftsmäßig (Popo am Boden) sitzt, sondern belohnen Sie jeden Schritt in die richtige Richtung.

Eine andere Methode ist die: Sie führen mit dem Körper und den Armen eine Bewegung aus, die das Hinsetzen vermittelt (motorische Imitation EL; siehe DVD). Mit der Zeit wird das Futter nur noch ab und zu gegeben, die Körperhilfe bleibt aber weiterhin erhalten. Im nächsten Schritt wird dann die Körperhilfe nach und nach reduziert, bis sie ganz entfällt. Vergessen Sie nicht, parallel zum Leckerli (oder auch zur Spielbeute) immer verbal zu loben. Anfangs unmittelbar bei oder nach der Ausführung der Übung. Später loben Sie zuerst verbal, und danach belohnen Sie ihn. Dieses Signal-Timing hat den Vorteil, dass das verbale Lob mit der Zeit als stellvertretender Reiz zum Futter (oder MO) wirkt und die materielle Belohnung weitgehend entbehrlich macht.

Eine interessante Methode zur Vermittlung des Hinlegens ist das Höhlen-<Platz> (EL 1998). Der Teamführer setzt sich auf den Boden, lockt den Kleinen wie beim Basisspiel von der

Höhlenplatz, vermittelt durch Resonanz-Szenario: Der Welpe legt sich vor der Höhle auf die Lauer und l i e g t . Hat er sich hingelegt, bekommt er die Beute (oder das Futter). Nach einigen Tagen kommt das Hörzeichen <Platz> hinzu.

Seite heran und stimuliert mittels MO oder Futter unter den Knien (am Boden). Wenn der Kleine herkommt, „flieht die Beute in ihre Höhle“. Indem die Knie abgesenkt werden, kann der Kleine nicht hinein. Was macht er? Er wird sich an das Szenario des Lauerns vor einer Höhle erinnern. Er wird infolgedessen genau das tun, was nahezu alle Welpen in der gleichen Situation zeigen: Er legt sich auf die Lauer und liegt. Ohne Lernprozess. Wir nennen das Resonanz-Szenario (EL 1998). Das pädagogische Prinzip des Resonanz-Szenarios ist für viele Situationen unübertroffen. Der Hund führt aus, was er eigentlich schon kann. Allein durch die Konfrontation mit einem bestimmten Szenario aus der Erfahrungswelt des Kleinen oder durch das Aktivieren instinktiver Verhaltensweisen weiß der Hund, was wir von ihm wollen, und führt es auf Anhieb aus.

Resonanz-Szenarien lassen sich nahezu für jede Lernsituation finden! (Siehe Buch *Mensch-Hund-Harmonie*)

Hat sich der Kleine hingelegt, so bekommt er das Leckerli oder die Beute. Nach einigen Tagen fügen Sie das Hörzeichen <Platz> hinzu. Später gehen Sie dann dazu über, das <Platz> mittels Körpersprache (nach unten fallende Hände) zu vermitteln.

Für das Anhalten (<Steh> oder <Halt>) setzen wir den geistigen Zügel ein. Stimulieren Sie den Hund, mit ihnen seitlich mitzugehen (mittels Leckerli, MO oder einfach durch Ansprechen), und setzen Sie nach einigen Schritten den geistigen Zügel vor die Schnauze. Nur eine halbe Sekunde lang! Dann schleudern Sie das MO weg oder Sie offerieren ein Leckerli. In jedem Falle aber: Loben nicht vergessen!

Mehr über die Grundhaltungen finden Sie auch auf der DVD.

Anhalten durch Einsatz des geistigen Zügels. Körperhaltung, Ohrenstellung und die bewegte Rute verraten, was in dem Welpen vorgeht: Aufmerksamkeit, Lust mitzumachen, aber gleichzeitig die Akzeptanz des geistigen Zügels, welcher vermittelt: „Bis hierher, aber nicht weiter.“ Das Besondere bei dieser Übung besteht darin, dass die Teamführerin weder Futter noch Beute einsetzt: Allein die freundliche Kommunikation bedeutet dem Welpen ausreichende Motivation.

In respektvollem Abstand wartet der Kleine, bis auch er mit der Beute seiner Ziehmutter spielen darf.

Autorität

In sozialen Gemeinschaften zwischen Menschen und Tieren wird das Verhalten weitgehend durch Regeln bestimmt. Freiräume und Grenzen sind jedoch vielschichtig und beeinflussen sich gegenseitig. Rangordnungen bei Hunden beispielsweise sind komplex und in ständigem Schwebezustand organisiert. Die primitive Annahme einer linearen, diktatorischen Rangfolge hat viel Unheil in die Erziehungs- und Ausbildungspraktiken eingeschleust.

Autorität ist ein Resultat im Dienste des Ganzen und kein Selbstzweck. Autoritätsträger wird man nicht durch Despotismus, sondern durch die Verschmelzung herausragender Talente mit der Bereitschaft, diese für andere liebevoll und verlässlich einzubringen. Autorität verläuft also nicht in eine Richtung, sondern sie bedeutet ständigen Austausch. Laotse (600 Jahre vor Christus) beschreibt Autorität, deren Begriff er noch nicht kennt, als wahre Macht, und er sagt:

Wachsen lassen, nicht besitzen,
beschützen, nicht beherrschen,
führen, nicht ausnutzen!
Das ist das Geheimnis wahrer Macht!

Überzeugender als bei Hunden habe ich die wahre Macht der Autorität selten vorgefunden.

Fassen wir zusammen: Autorität ist ein wechselseitiger Vorgang zwischen Autoritätsträger und Autoritätsakzeptanten. Sie ist unersetzlich und ständig präsent; aber sie ist keine Konstante, sondern wird auf beiden Seiten je nach Situation unterschiedlich intensiv umgesetzt. Die sichtbare äußere Komponente manifestiert sich in zahlreichen Ausdrucksverhalten, die mit dem Vokabular der Funktionskreise verschmelzen. Ohrenlecken beispielsweise ist mitunter nicht nur Pflege, sondern mithin Dominanz. Eine herausragende Rolle in den Autoritätsvorgängen spielt die rituale Unterwerfung (EL 2002), nicht zu verwechseln mit dem Alphawurf. In der ritualen Unterwerfung wird der Ausdruck von Anspruch auf der einen Seite und Akzeptanz auf der anderen besonders deutlich.

Was sagen uns die Beobachtungen einer Hundefamilie im Hinblick auf Autorität? Hundeerziehung ist mehr als <Sitz>, <Platz>, <Fuß> oder Schmusen. Wir müssen dem Hund zur „annehmbaren Autorität“ werden: liebevoll, besonnen, souverän, aber auch, wo nötig, fordernd, streng und konsequent. Annehmbar heißt, man muss verstanden werden, und es muss machbar sein, was man fordert. Über-Forderung schadet beiden.

Was wir beispielsweise gut nachahmen können, sind akustische Transmitter (Überbringer) der Autorität. Hohe Stimmlagen klingen freundlich, tiefe mitunter bedrohlich. Auch Haltung und Bewegung, Mimik und Gestik sowie Berührung werden eingesetzt. Wir sehen, es sind dieselben Punkte, die wir bereits bei den Motivationsbereichen kennengelernt haben, diesmal in ihrer Funktion als Transmitter der Autorität.

Eine entscheidende Bereicherung ist die Entdeckung der „sanften Autorität“. Anstelle direkter Einwirkung vertrauen wir der mentalen Wirkung ruhig demonstrierter Überlegenheit in Verbindung mit Beharrlichkeit und Geduld. Sanfte Autorität ist natürlich kein Allheilmittel, aber wer sanfte Autorität nie einsetzt, geht an einer wesentlichen erzieherischen Möglichkeit vorbei.

Die zeitliche und räumliche Distanz hat großen Einfluss auf das Verhalten der Lebewesen. Während die Liebe, wie der Volksmund sagt, mit der Entfernung steigt, nimmt die Autorität im Abstand ab. Je weiter der Hund sich entfernt, desto geringer die Bereitschaft wieder herzukommen. Und wer wüsste es nicht, sich an leidvolle Erfahrungen erinnernd: Hinterherlaufen ist kontraproduktiv, denn der Hund ist schneller als wir. Weglaufen, auch das wissen inzwischen die meisten, bringt bessere Erfolge.

Auf das Nachwerfen eines Gegenstandes in bestimmten Situationen wurde schon hingewiesen. Das Nachwerfen wirkt jedoch nur, wenn der Hund genau weiß, worum es geht. Der verlängerte Arm ist nicht zum Er-Lernen geeignet, sondern als Ermahnung bei einem bereits bekannten Vorgang. Hier wirkt der verlängerte Arm, richtig dosiert, Wunder. Hunde sind sichtbar beeindruckt von dieser Fähigkeit des Menschen. Aus all dem geht hervor: Jede Situation erfordert eine eigene Beurteilung. Den Boss herauszukehren oder alles niederzubügeln, was einen stört, mag der Eitelkeit des Menschen dienen. Der Mensch-Hund-Beziehung oder dem Hund schadet es nur. Letztlich verletzt jede Form

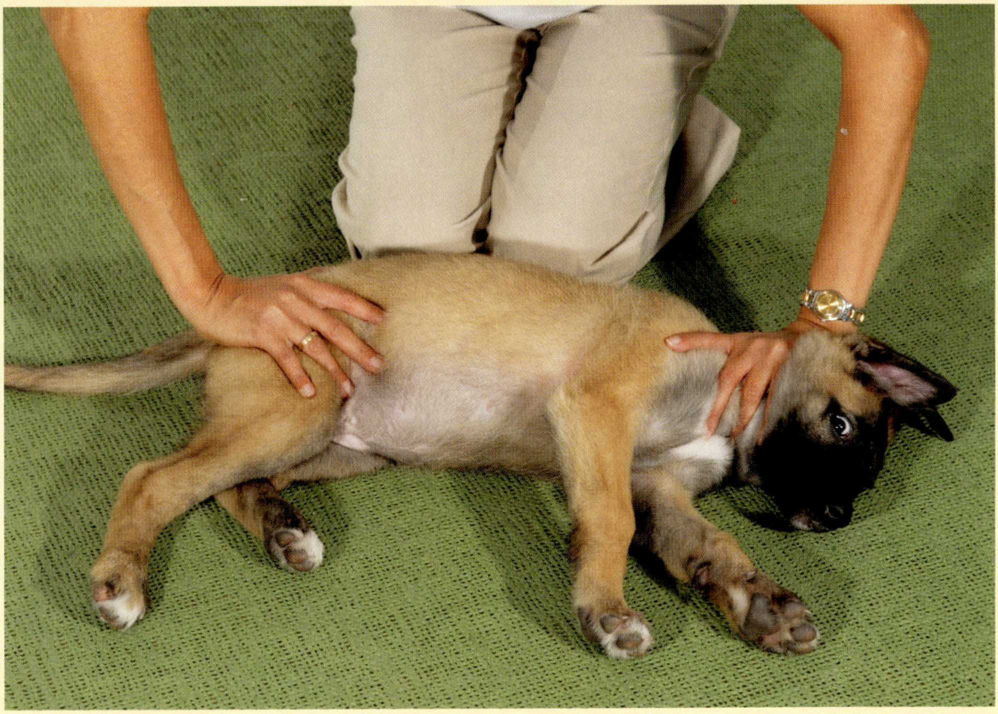

Rituale Unterwerfung: Der Welpe wird seitlich gelegt, sodass er nicht mehr aufstehen kann. Auch der Kopf muss seitlich am Boden liegen.

unreflektierter, falsch verstandener Autorität den Menschen selbst, der ethisch fehlt, indem er Gewalt anwendet. Aus diesem Grund wird auch jegliche Hundeerziehung und Sportausbildung, die auf Gewalt setzt, letztlich scheitern.

Rituale Unterwerfung

Im deutschen Sprachgebrauch wird das Wort Unterwerfung (als auch das synonyme Verb unterwerfen) sowohl transitiv als auch intransitiv verwendet. Mit einfachen Worten: Man kann jemanden unterwerfen oder man wird von jemandem unterworfen. Die aus der Grammatik abgeleitete Unterscheidung zwischen transitiv = aktiv und intransitiv = passiv wäre allerdings falsch, denn auch der sich Unterwerfende übt mit seinem submissiven Verhalten Aktivität aus. Seine durch den Ranghöheren erdrohte ebenso wie seine präventive, also seine rein freiwillige Unterwerfung ist immer auch aktiv! Die in der Ethologie heute noch gebrauchte Unterscheidung zwischen aktiver und passiver Unterwerfung ist irreführend und streng genommen falsch. Als aktive Unterwerfung wird beispielsweise das devotive, von unten nach oben gerichtete

Lefzenlecken bezeichnet, während das Sich-Hinlegen des Rangniederen passive Unterwerfung genannt wird. Um die Ambivalenz transitiver und intransitiver Komponenten in den Vordergrund zu stellen, sprechen wir in diesem Buch immer dann, wenn sich ein Welpe reaktiv oder präventiv unterwirft, von ritualer Unterwerfung. Die rituale Unterwerfung spielt zwischen der Mutterhündin (Autoritätsträger) und ihren Welpen (Autoritätsempfänger) während der Aufzucht und noch danach eine wichtige Rolle. In zahllosen Wiederholungen lernt der Welpe sich unterzuordnen, und er zeigt seine zunehmende Bereitschaft hierzu durch die rituale Unterwerfung. Er hat erfahren: Die rituale Unterwerfung wirkt beschwichtigend, und so legt er sich oft freiwillig hin, wenn die Mutterhündin nur in die Nähe kommt.

Was können wir daraus ableiten? Auch in die Mensch-Hund-Beziehung sollte immer die rituale Unterwerfung integriert werden. Ebenso wie die „Beißhemmung", welche der Welpe unter normalen Umständen mitbringt, wenn er in die Familie kommt, so ist auch die rituale Unterwerfung eine Mitgift aus der Welpenstube. Wenn wir es versäumen, beides weiterzuführen, verzichten wir auf elementare soziale Säulen.

Die rituale Unterwerfung, die der Welpe bei der Mutter erfahren hat, sollte vom Besitzer möglichst nahtlos weitergeführt werden. Nach der Prägephase, oder wenn der Hund auch seine Junghundzeit schon hinter sich hat, lässt sich die rituale Unterwerfung oft nur unter Schwierigkeiten einbringen. Nutzen wir die Prägephase also auch in diesem Punkt! Nun zur Praxis:

Wir beginnen damit, den Kleinen erst mal einige Tage mitten im Basisspiel ganz nebenbei kurz auf die Seite zu legen. Beide, Mensch und Welpe, müssen die rituale Unterwerfung erst einmal spielerisch miteinander einüben. Nach einiger Zeit bekommt der Mensch die nötige Routine, um den Welpen geschickt auf die Seite zu legen, und der Kleine hat sich an diesen Vorgang und die damit verbundene Körperhaltung schon gewöhnt. Erst wenn man sich sicher fühlt, kann man den Welpen in der geeigneten Situation ernsthaft unterwerfen. Obwohl es bisher immer Spiel war, erkennt der Kleine sofort den Unterschied, denn: Sie treten bestimmter auf als bisher, Ihre Stimme klingt streng und angemessen bedrohlich, und auch die Kraft, die Sie einsetzen, ist anders als im Spiel. Wenn sich der Welpe anfangs sträubt, halten Sie ihn so lange fest, bis er sich beruhigt hat. Es ist empfehlenswert, sich von einem erfahrenen Trainer helfen zu lassen (siehe auch DVD). Gehen Sie mit den ritualen Unterwerfungen sparsam um und denken Sie an die vielen anderen Möglichkeiten, die der Mensch besitzt, um Autorität zu verkörpern.

Sogenannte Unarten

Für den Hund ist es nicht leicht, sich in der Welt des Menschen zurechtzufinden. Die erwartete Anpassung geht an seine Grenzen. Er ist ein Hund und würde sich in vielen Situationen anders verhalten, als von ihm erwartet wird. Und es sind immer wieder die Unarten, die den Menschen so sehr stören. Was können wir tun, um den sogenannten Unarten zu begegnen?

Das können wir tun, wenn sogenannte Unarten auftreten:

- Die Situation vermeiden; das wäre das Einfachste, ist aber oft nicht möglich.
- Das störende Verhalten ignorieren – bei kleinerer Aufmüpfigkeit eine durchaus akzeptable Lösung.
- Rechtzeitig vom störenden Verhalten ablenken, eine der besten Möglichkeiten, setzt aber voraus, dass wir in der Lage sind, den Hund hoch zu motivieren – höher als die Versuchung.
- Varianten: Vor dem Eintreten der Unart ablenken – wir nennen das vorbeugendes Ablenken. Oder mitten in der Ausführung ablenken – wir nennen das umorientierendes Ablenken.
- Einwirken, wobei wir passive und aktive Einwirkung unterscheiden.
- Aktive Einwirkung in Form von Zwang, Druck oder Schmerz schneidet nach aktuellem Wissensstand am schlechtesten ab. Trotzdem ist sie nicht immer ersetzbar. In jedem Falle muss man beachten, dass Hunde schnell vergessen. Schimpfen und Einwirken ist nur sinnvoll, wenn man den Hund auf frischer Tat ertappt!

In der Phase des Hosenbeißens (gleich nach der Übernahme vom Züchter) ist es vorteilhaft, immer ein Zerri dabeizuhaben, um den Welpen abzulenken.

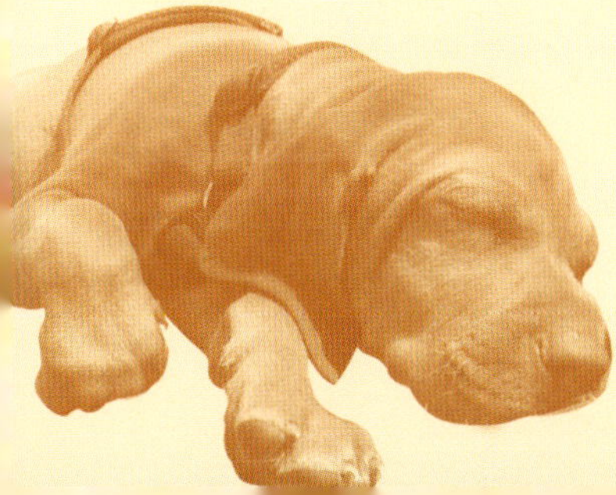

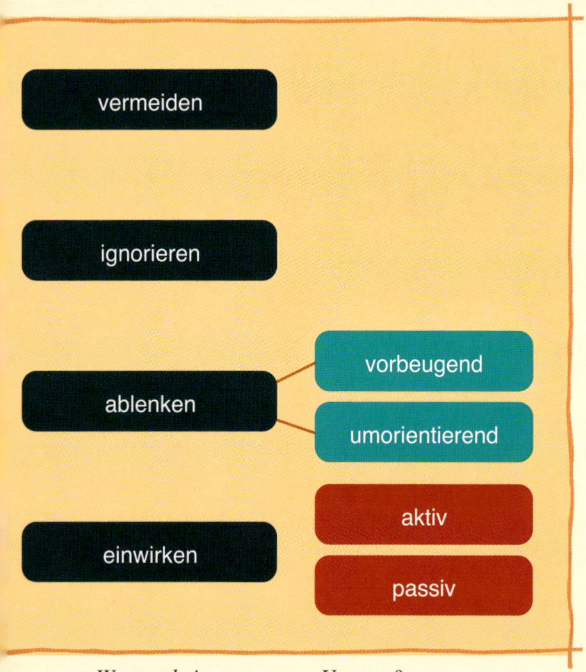

Was tun bei sogenannten Unarten? (Grafik: Ekard Lind)

Hierbei stellen Bild-Ton-Babywächter eine wertvolle Bereicherung dar. Sie bestehen aus einem Multimediasender und einem entsprechenden Empfänger und erlauben ein bequemes Beobachten, selbst wenn sich der Welpe in einem anderen Raum befindet. Der Bild-Ton-Babywächter eignet sich unter anderem hervorragend, um das Klauen zu vereiteln. Warten Sie nicht erst ab, bis der Kleine beim ersten Schnitzel erfolgreich war! Kommen Sie ihm zuvor! Bieten Sie eine Gelegenheit zum Stehlen. Wohl vorbereitet beobachten Sie sein Verhalten und überraschen ihn dann „in flagranti“. Einige Wiederholungen mit unterschiedlichen Leckereien und an verschiedenen Lokalitäten werden ausreichen, dass der Kleine das Klauen für immer lässt. Was Sie ebenfalls einsetzen können, ist ein Funk-Puster*. Diesen hängen wir dem Kleinen nicht um, sondern wir stellen ihn einfach in die Nähe des begehrten Objektes. Bild-Ton-Babywächter und Funk-Puster lassen sich hervorragend kombinieren. Dort und da werden Zitronengeruch oder andere Duftstoffe angeboten. Die Verwendung dieser Geruchsreize ist tierschutzrelevant und sinnlos. Verwenden Sie reine Pressluft! Was den Hund erschreckt, ist das Ausströmen des komprimierten Inhaltes, und hierfür ist Luft absolut ausreichend!

** Funk-Puster sollten mit reiner Pressluft gefüllt werden. Intensive Zitronenmelisse-Duftwolken können zu einer Beeinträchtigung des sensiblen Geruchsorgans führen. Worauf es ankommt, ist das kurze Erschrecken oder, im Idealfall, die Um- oder Rückorientierung auf den Teamführer.*

Der Funk-Puster ist jedoch kein Allheilmittel. Bei ängstlichen oder auffallend unsicheren Hunden sollte er nicht eingesetzt werden. In diesen Fällen ist die individuelle Dosierung des abschreckenden Reizes, ausgeführt durch den Menschen, vorzuziehen. Selbst bei ausreichender Rechtfertigung für den Einsatz des Funk-Pusters ist zu beachten, ihn äußerst sparsam einzusetzen und nur gegen ganz besondere Gefahren oder Unarten.

Vom Schnitzelklau zu anderen Unarten.
Eine der ersten auftretenden Unarten ist meist das Hosenbeißen. Der viel gerühmte Schnauzengriff kann, wie schon erwähnt, zur Eskalation führen. Ein Klaps im richtigen Augenblick ist oft die bessere Lösung (siehe DVD: Unarten). Vorzuziehen ist jedoch die Ablenkung, vorausgesetzt, der

Kleine lässt sich ablenken. Wenn Sie das Basisspiel fleißig geübt haben, müsste es möglich sein, den Welpen abzulenken. In dieser Entwicklungsphase ist es ratsam, immer ein Welpenspieltuch oder einen anderen starken Motivator griffbereit zu haben. So kann man den Welpen vom Hosenbeißen ablenken, je nach Situation vorbeugend oder umorientierend. Nach kurzer Zeit verliert sich diese Unart ohnehin.

Hochspringen lässt sich durch Entgegenkommen (Kleinmachen) vermeiden: beim Füttern, beim Spielen und auch beim Schmusen. Wenn's dann doch passiert, haben wir immer noch den geistigen Zügel.

Ein Wort zum <Nein>. Viele Hundebesitzer vermenschlichen den Hund, indem sie erst reagieren, wenn der Hund sein Vorhaben in die Tat umgesetzt hat. Sie meinen, vorher einzuwirken sei ungerecht. Der Hund agiert in emotionaler Intelligenz und nicht im Sinne abstrakter Paragrafen. Wenn man möchte, dass der Hund das <Nein> richtig zuzuordnen lernt, muss man es genau in dem Augenblick einsetzen, wo eine Motivation aufkommt, nicht erst, wenn das Malheur schon passiert ist. Gegen allerlei Unarten wie Kot fressen oder Graben reicht ein klares <Nein>, wenn es im Welpenalter richtig vermittelt wurde. Das generalisierte <Nein> ist ein hervorragendes Instrument, um Druck und Gewalt zu vermeiden. Und in keiner anderen Phase ist es so leicht zu einzuüben wie in der Prägephase. Das richtige <Nein> zu vermitteln ist jedoch schwierig. Wie sagte Goethe? „Wenn Ihr's nicht fühlt, Ihr werdet's nie erlangen." Prüfen Sie Ihre Neins: Zu oft? Zu stark? Zu schwach? Zu früh? Zu spät? Zu laut? Zu leise?

Hier wird ein Welpe aus dem Gemüsebeet verjagt.

Auf der anderen Seite gibt es Leute, die den Welpen mit Neins regelrecht bombardieren. Viele Unarten würden gar nicht erst aufkommen, wenn man dem Welpen genügend Zeit und Zuwendung widmen würde. Ein Hund, der Zuwendung erfuhr, mit dem man gespielt hat, der Auslauf hatte und gut zu fressen und zu trinken bekam, stellt nicht allzu viel an.

Hier noch eine interessante Verfeinerung hinsichtlich des <Nein>. Manche Trainer bevorzugen die Differenzierung des <Nein>. In Situationen, die generell nie erlaubt sind, verwenden sie ein anderes Hörzeichen als für Situationen, die nur ab und zu verboten sind. Allerdings werden in diesem Zusammenhang nicht selten phonetische Fehler gemacht. Das „No“ als den zweifelsfrei weicheren Klang für niemals einzusetzen und das deutlich schärfere <Nein> für ab und zu ist nicht gerade sinnvoll, zumal die phonetische Komponente dem Hund nähersteht als die semantische, also die Bedeutung des Wortes. Aus diesem Grund bevorzuge ich <Niet> für niemals und <Nein> für ab und zu.

Stadt und Großstadt

Wir sagten eingangs schon, dass die Erziehung eines Welpen weitgehend davon bestimmt wird, in welchem Umfeld er lebt. Darüber hinaus sollte man planen, auch jene Umwelterfahrungen einzuüben, die vielleicht zu einem späteren Zeitpunkt, etwa in der Freizeitgestaltung oder auf Reisen, zu erwarten sind.

In Stadt und Großstadt gibt es viele Eindrücke und Reize, an die man den Welpen früh gewöhnen sollte.

Wer in der Stadt lebt, wird den Welpen so früh wie möglich mit Brustgeschirr und Leine vertraut machen, denn ohne Leine wären Spazieren- oder Gassigehen gefährlich. Auch das Desensibilisieren unterschiedlicher Bodenbeschaffenheit ist in der Stadt besonders wichtig. Ich habe eine Grundausrüstung unterschiedlicher Böden entwickelt. Anhand folgender Liste können Sie sich selbst ein Programm zusammenstellen.

Taktile (Berührungs-)Reize durch unterschiedliche Beschaffenheit des Untergrundes
- glatt
- rau
- spitz
- Gitter
- heiß (heißer Sand)
- kalt (Eis)
- unterschiedliche Materialien
- wackelig
- holprig
- sandig
- feucht, nass, Wasser

Neben den vielen taktilen (Berührungs-) Reizen sind in der Stadt auch die akustischen, visuellen und olfaktorischen (geruchlichen) Reize ausgesprochen vielfältig. Menschen und Hunde müssen lernen wegzuhören, wegzusehen und wegzuriechen, damit sie von der Fülle der Reize nicht erdrückt werden. Man lernt mit der Zeit, das herauszufiltern, was einem wichtig ist. Dieser Lernprozess wird uns, wenn wir in der Stadt leben, durch die ständige Konfrontation sozusagen abgenommen. Aber das dauert lange. Daher ist es sinnvoll, die wichtigsten Herausforderungen in der Prägephase gezielt zu üben.

Akustische Reize in der Stadt (und Großstadt)
- Straßenlärm mit Pkws
- Straßenlärm Fußgängerzone
- Straßenbahn, Bus und Lastwagen
- Bahnhof
- U-Bahn
- Flughafen
- Baustellen-Maschinen
- Straßenmusik
- Pferdekutschen

Visuelle Reize in der Stadt (und Großstadt)
- Alles aus B
- Beleuchtungen (Neonlicht, Farbleuchten, blendende Leuchten)
- Fahrradfahrer (Radweg) und Rollschuhfahrer
- Litfasssäulen und große Anschlagtafeln
- Markt
- Gasthaus, Biergarten

Olfaktorische Reize in der Stadt (und Großstadt)
- Alles aus B und C
- Parfüm, Zigarettenrauch
- Hinterlassenschaften anderer Hunde
- Abflüsse

Wer auf dem Land oder in der Kleinstadt lebt, sollte sich eine dem veränderten Lebensraum angepasste Liste anfertigen.

Überall, wo viele Menschen sind, ebenso wie in Naturregionen, wo Nutztiere und Wild zu erwarten sind, sollten Sie sich so verhalten, dass Sie mit Ihrem Welpen keinen Anstoß erregen! Nicht jeder mag Hunde, und nicht jeder schmilzt dahin, wenn ihm ein Welpe begegnet. Und nicht

Es empfiehlt sich, die Leine anfangs hinter dem Rücken zu führen.

jeder mag es, wenn der Kleine ihm entgegenläuft, an ihm hochspringt und ihm ins Hosenbein (oder anderswohin) beißt. Auch Welpenkot ist unangenehm und gehört weggeräumt. Nehmen Sie sich immer eine Kottüte mit und seien Sie ein Vorbild. Es gibt keinen anderen Ausweg aus der wachsenden Inakzeptanz in der Bevölkerung. Auch das Führen an der Leine gehört dazu, und: Ihr Hund, auch wenn er den Kleinhunderassen angehört (!), sollte keine anderen Hunde verbellen oder anknurren. Nichts bewirkende Worte wie: „Nein, Fiffi, bitte bell nicht schon wieder!“ wirken auf neutrale Passanten eher provokant; denn so dumm ist keiner, dass er nicht merkt, dass diese Bitte nicht ernst gemeint war und definitiv nichts wert ist.

Leinenführigkeit

Auf die ersten Schritte zur Leinenführigkeit wurde bereits zu Beginn dieses Buches hingewiesen. Aus gutem Grunde ist der Leinenführigkeit hier – gegen Ende – ein eigener Abschnitt gewidmet. Vieles hat der Welpe inzwischen gelernt: Er ist Halsung, Brustgeschirr, Aufrollleine und kurze Leine gewohnt. Er springt nicht mehr hoch; er ist konzentriert und sieht den Teamführer an (hat er im Basisspiel gelernt); er ist auf Körpersprache und Mimik sensibilisiert; er kennt und befolgt das <Nein>; er spricht auf das Leinensignal an und, last not least, es besteht inzwischen eine enge Bindung zu seinem Teamführer. All das kommt uns zugute, wenn wir ab der zwölften oder dreizehnten Woche damit beginnen, die Leinenführigkeit zu verbessern.

Wir nutzen, wo immer es sich anbietet, passive Einwirkungen (EL 1998). Gehen Sie mit dem Welpen an einer Mauer, an einem Zaun oder an dem von mir entwickelten „Leit-Set“ (siehe Anhang: Herstellernachweis) entlang. Der Kleine geht auf Ihrer linken Seite (traditionelle Linksposition). Sie gehen rechts, und der Welpe sollte weder vorstürmen noch zurückfallen oder gar bremsen. Vergessen Sie nicht: Üben bleibt Spiel! Gestalten Sie die kurzen Strecken (etwa fünf bis zehn Schritte) der Freifolge so, dass es dem Hund Spaß macht mitzugehen. Die korrekte und vorteilhafte Position ist links auf gleicher Höhe (Schulter des Hundes auf der Höhe des Knies des Menschen). Damit er nicht vorprellt, führen Sie die Leine hinter dem Rücken über das Gesäß schräg nach unten, und damit er nicht zurückfällt, stimulieren Sie ihn mitzukommen. Viele Hundeführer gehen durch die Landschaft wie lebende Schlaftabletten. Von ihrem Hündchen aber erwarten sie permanent Freude und Höchstleistung. So läuft das nicht. In diesem Zusammenhang fällt mir immer der treffende Satz von Augustinus ein: „In dir muss brennen, was du in anderen entzünden willst.“ Gehen Sie selbst freudig und engagiert, in angepassten Schrittweiten mit Ihrem Hund, und Sie werden sehen, er macht mit. Zusätzlich können Sie ihn ansprechen, aufmuntern, kraulen oder, wenn Ihnen das alles nicht liegt, mit einem Leckerli oder einem MO stimulieren. Nochmals! Halten Sie die aktiven Phasen der Leinenführigkeit anfangs betont kurz. Dazwischen lassen Sie den Welpen die vollen acht Meter der Aufrollleine pendeln. Wenn Sie alles richtig gemacht haben, wird er Ihnen nicht mehr von der Seite weichen, und Sie können die Strecke ein wenig (!) ausdehnen.

Führen Sie den Welpen auch auf der rechten Seite. In der veränderten, modernen Umwelt ist das automatische, stereotype Linksgehen überholt! Tipp: Lassen Sie den Kleinen nicht schnell aufeinander die Seite wechseln, sonst wird er sich den schnellen Wechsel angewöhnen und oft ungewollt ausführen. Die Lind-art®-Hörzeichen für links und rechts heißen Li und Re (EL 1997).

Der Lind-Guide *setzt auf Erinnerung. Bei jedem Schritt wird der Welpe sanft daran erinnert, nahe bei seinem Teamführer mitzugehen. Der Guide kann freihändig oder unter Nutzung der beiden Führleinen eingesetzt werden. Das hinter dem Rücken geführte Band nimmt den Großteil der Zugkräfte auf, sodass der Hundeführer das Band mit zwei Fingern leicht führen kann.*

In der traditionellen Ausbildung zur Leinenführigkeit nutzt man Leinenrucke. Diese bleiben jedoch nur kurz im Gedächtnis, denn im Gehen fangen neue Eindrücke permanent die Konzentration des Hundes ein. Nach Sekunden hat er den letzten Ruck bereits vergessen. Um das Vergessen zu verhindern, wendete man Starkzwang mit äußerst schmerzhaften Mitteln an. Diese Formen der Erziehung und Ausbildung sind nicht nur ethisch verwerflich, sie sind gleichermaßen das offene Bekenntnis mangelnder Intelligenz, Fantasie und Geschicklichkeit.

Es gibt heute mehrere erfolgreiche Methoden für ein gewaltfreies Vermitteln der Leinenführigkeit. Auch Führhilfen bieten sich an.

An dieser Stelle gehe ich kurz auf den von mir entwickelten Lind-Guide ein. Dieser setzt nicht auf Meidemotivation, sondern auf Erinnerung. Bei jedem Schritt wird der Hund, und zwar automatisch und auf sanfte Art und Weise, daran erinnert, nah bei Herrchen oder Frauchen zu gehen. In kurzer Zeit entwickelt sich eine zuverlässige Leinenführigkeit, die auf freiwilliger Anpassung gründet.

Fahrradfahren und Schwimmen

Fahrradfahren und Schwimmen stehen in diesem Buch stellvertretend für die vielen Möglichkeiten, Freizeit gemeinsam mit dem Hund zu verbringen. Wenn wir in diesem Buch bereits im Welpenalter mit dem Fahrradfahren beginnen, so nur mit dem Ziel, die Prägephase auch für diesen Vorgang sinnvoll zu nutzen. Die Fahrtstrecken beschränken sich in der Erlernphase auf zehn bis dreißig Meter. Selbst wenn der Kleine schon mitläuft wie ein Weltmeister, bleiben die Fahrtstrecken noch lange auf etwa fünfzig Meter beschränkt. Erst mit einem Jahr (und später) sollte man die Fahrtstrecken schrittweise ausdehnen. Denken Sie an das Schultz-Arndt'sche Lebensgesetz:

„Kleine Reize fördern die Lebenskraft, größere hemmen sie, größte zerstören sie."

Wenn man sich für einen Augenblick in die Psyche des Welpen versetzt, dann müsste einem klar werden, dass ein Fahrrad dem Pimpf „ungeheuer" groß vorkommt. Was liegt näher, als das „Ungeheuer" klein zu machen, so klein wie möglich? Und zwar, bevor er es zum ersten Mal sieht!

Aus Sicherheitsgründen suchen wir für unser Vorhaben eine unbelebte Straße, einen Weg oder einen ruhigen Parkplatz aus. Als Erstes legen wir das Fahrrad auf den Boden. Dadurch wird es klein: ganze 25 Zentimeter, das ist 6,2-mal kleiner als in aufgestelltem Zustand. Jetzt locken wir den Hund in die Nähe, bücken uns zum Fahrrad und begreifen es mit unseren Händen. Sie werden sehen, wenn Sie etwas mit der Hand be-greifen, wird der Hund es beschnuppern. (Was für den Menschen die Hand, ist für den Hund der Fang.) Er wird neugierig herkommen, möglicherweise vorsichtig, und das Fahrrad dort, wo Sie es anfassen, beschnuppern. Unterstützen Sie diesen Explorationsvorgang so lange, bis Sie sehen, dass die Befangenheit der Selbstsicherheit gewichen ist. Setzen Sie sich auf das am Boden liegende Fahrrad oder steigen Sie mit einem Fuß darauf, um symbolisch zu zeigen, dass sich das „Ungeheuer“ unterworfen hat und: dass Sie stärker sind. Gegebenenfalls können Sie auch ein paar Leckerli einsetzen. Ist das Fahrrad desensibilisiert, heben Sie es wie selbstverständlich auf und schieben es die Straße entlang. Locken Sie den Kleinen mitzukommen. Wenn er mitkommt, belohnen Sie ihn mittels Leckerli noch einige Schritte mitzugehen, einigermaßen nahe, wobei aber noch kein fester Abstand gefordert wird. Im nächsten Schritt nehmen Sie ihn an die Aufrollleine und gehen mit ihm und dem Fahrrad die Straße auf und ab. In einem weiteren Lernschritt hängen wir den Welpen, mit Brustgeschirr ausgerüstet, an den Fahrradbügel (siehe Anhang: Herstellernachweis) und gehen wieder einige Schritte auf und ab.

Überspringen Sie keine Lernschritte! Die einzelnen Schritte dauern meist nur Minuten, aber so gehen Sie auf Nummer sicher. Jetzt kommt ein wichtiger Punkt. Steigen Sie nicht gleich aufs Fahrrad, sondern stellen Sie sich einfach auf ein Pedal und rollen Sie (wie mit einem Roller) ein paar Meter dahin; dann steigen Sie wieder ab, gehen ein paar Schritte zu Fuß; dann drehen Sie mit Rad und Hund um und gehen wieder zurück. In einer Variante, etwa wenn Sie mit entgegenkommenden Fahrrädern rechnen müssen, verwenden Sie zusätzlich zum Fahrradbügel eine Kurzleine, die an der Halsung angebracht ist.

Gehen Sie wie beschrieben auf und ab, immer schön „per pedes“ (zu Fuß), nur ab und zu rollen Sie. Wenn Ihr Welpe bis hierher mitgespielt hat, haben Sie es fast geschafft. Wenn Sie jetzt aufsteigen und ein paar Meter richtig Fahrrad fahren, wird er am Bügel genauso unbekümmert mittraben wie bisher. Nicht übertreiben! Lassens Sie’s dabei bewenden und fahren Sie immer wieder mal kurze Strecken.

Für später: Viele Hunde lieben es, neben dem Fahrrad herzulaufen, gemeinsam mit Herrchen oder Frauchen durch die Landschaft traben zu können (und dies in ihrem angeborenen Trabtempo) und immer etwas Neues zu sehen. Neben dem Fahrrad herlaufen trägt mehr zur Bindung bei als vieles andere. Ganz abgesehen davon, dass Sie das Auslaufpensum mit dem Fahrrad – gegenüber dem üblichen Spazierengehen – locker vervielfachen können. Wenn Sie das Fahrradfahren in der Prägephase vermitteln, wird es sicher nicht zum Spießrutenlauf.

Auch Schwimmen ist eine sinnvolle und beliebte Beschäftigungsform für Mensch und Hund. Viele Hunde sind ausgesprochene Wasserratten. Wenn sie Wasser nur riechen, sind sie kaum noch zu halten. Schwimmen ist Hunden angeboren. Doch psychisch gesehen müssen sie mit Wasser erst vertraut werden.

Widerstehen Sie daher der Versuchung, den Kleinen ins Wasser zu zwingen oder gar hineinzuwerfen! Lassen Sie ihm Zeit und gehen Sie einfühlsam vor. Vielleicht erinnern Sie sich bei dieser Gelegenheit an Ihre eigenen Ersterfahrungen mit Wasser?

Nehmen Sie an Badeplätzen Rücksicht auf andere Personen. Nicht jeder mag Hunde, und nicht jeder findet es lustig, wenn ein Hund über sein Badetuch läuft. Und wer will schon von einem sich schüttelnden Hund geduscht werden? Rücksichtsloses Verhalten ist mit schuld an der verbreiteten Inakzeptanz gegenüber Hunden und ihren Haltern. Und an den zuneh-

menden Einschränkungen! Leider, das muss man unter diesen Voraussetzungen zugeben, bestehen die Vorwürfe der Hundegegner zu Recht.

Nun zur Praxis: Suchen Sie sich für das Unterfangen einen angenehm sonnigen Tag aus, am besten in einer Zeit, wo das Wasser warm ist, sodass Sie selbst auch ins Wasser können. Gehen Sie bis zum Bauchnabel ins Wasser, das MO Ihres Welpen (oder ein Leckerli) haben Sie dabei. Locken Sie ihn freundlich ins Wasser. Ohne Druck und Drohung. Vielleicht zeigt sich Ihnen ein Bild, das von „Möchte gern" auf der einen Seite und „Trau mich nicht" auf der anderen gekennzeichnet ist. Lassen Sie ihm Zeit. Wenn die Befangenheit groß ist, sollten Sie abwägen, ob es nicht besser ist, den Überwindungsvorgang auf mehrere Tage aufzuteilen. Holen Sie sich gegebenenfalls pädagogische Schützenhilfe: Andere Hunde, die am Ufer hin und her planschen und MOs aus dem Wasser apportieren, wirken ungemein stimulierend. Eine andere Möglichkeit ist die: Sie gehen bis zu einer Tiefe von etwa 1,50 Meter ins Wasser, den Welpen haben Sie mitgenommen. Wenn Sie zusammen mit dem Hund in Richtung Ufer schwimmen, sind aller Erfahrung nach die Erfolgschancen erheblich größer, als wenn Sie von ihm erwarten, dass er vom Land aus in See sticht.

Halten Sie ihn kurz über Wasser, dann lassen Sie ihn langsam ins Wasser sinken, sodass er beginnt, auf der Stelle zu paddeln. Werfen Sie anschließend sein MO in Richtung Strand oder gehen Sie selbst in Richtung Land. Der Kleine wird Ihnen mit großer Wahrscheinlichkeit nachkommen und dabei kräftig paddeln. Die starke Motivation, wieder an Land zu kommen, gepaart mit der Motivation, des Lieblings-MOs habhaft zu werden und Ihnen nachzufolgen, werden dem Kleinen über alle psychischen Hindernisse hinweghelfen. Er wird an Land schwimmen und entdecken, dass er sich über Wasser halten kann. Von Schwimmen kann eigentlich noch nicht die Rede sein, Hunde geben zu Beginn häufig das Bild eines Mississippi-Raddampfers ab. Machen Sie ein paar schöne Aufnahmen, denn die Raddampfer-Phase dauert in der Regel nur ein paar Tage.

Auslaufen der Prägephase

Mit der 14. bis 16. Woche geht die Prägephase zu Ende. Aus dem Welpenflaum wird festes Haar, und der typische Welpengeruch geht verloren. Die Ohren der meisten Stehohrrassen sind jetzt schon aufgerichtet. Die Bewegungen des Welpen wurden schneller, kraftvoller und sind schon recht gut koordiniert. Er kann sich jetzt länger konzentrieren und er wurde selbstsicherer.

Die Milchzähne fallen heraus und die neuen schieben nach. Zu Beginn des Zahnwechsels müssen wir unbedingt aufhören mit jeglichen Konterspielen. Achten Sie auch darauf, dass der Kleine ab jetzt keine Gelegenheit bekommt, mit anderen Hunden Zerrspiele zu veranstalten.

Bis zum Ausreifen der zweiten Zähne motivieren wir vorübergehend mit Leckerli, Bewegung, Mimik, Berührung und Akustik.

Ihr Welpe hat in der zurückliegenden Zeit viel gelernt: Er kann ruhig beim Essen auf seinem Lager am Boden liegen ohne zu betteln. Er hat eine feste Bindung zu Ihnen aufgebaut und findet sich in seiner Umgebung gut zurecht. Er akzeptiert Sie als „Direktor“ und er hat keine Angst vor anderen Tieren. Er geht freudig an der kurzen und an der Aufrollleine mit und hat die meisten Unarten abgelegt. Das eine oder andere wird noch nicht in Ordnung sein. Aber das ist normal. Rom wurde auch nicht an einem Tag erbaut. Er spielt gern mit Ihnen, weiß aber die Grenzen einzuhalten. Sie können ihn überallhin mitnehmen, ohne dass Sie Anstoß mit Ihrem Begleiter erregen. Er hat Fahrrad fahren und Schwimmen gelernt, und Sie würden den Kleinen um keinen Preis der Welt mehr hergeben. Aber vergessen wir nicht, auch für Hunde gilt:

Lernen, ein Leben lang!

Es gibt noch viel zu erkunden, zu erleben und zu lernen. Begleiten Sie Ihren Hund, der jetzt ein Junghund ist, auf diesem ebenso interessanten wie faszinierenden Weg. Schenken Sie ihm weiterhin einen Teil Ihrer Zeit und Zuwendung, er wird es Ihnen hundertfach zurückgeben, denn Sie sind für ihn, wie man so sagt: alles.

Leider geht sie viel zu schnell vorbei, die Welpenzeit.

Anhang

Literatur

Eibl-Eibesfeldt, Irenäus
Grundriss der vergleichenden Verhaltensforschung
München: Piper-Verlag 1967

Feddersen-Petersen, Dorit
Hundepsychologie
Stuttgart: Franckh-Kosmos-Verlag 2004

Feddersen-Petersen, Dorit
Ausdrucksverhalten beim Hund
München: Gustav-Fischer-Verlag 1995

Auszug aus: Laotse: **Tao Te King**

Lind, Ekard
Richtig spielen mit Hunden
Stuttgart: Franckh-Kosmos-Verlag 2004

Lind, Ekard
Mensch-Hund-Harmonie
Stuttgart: Franckh-Kosmos-Verlag 2003

Lind, Ekard
PIMA Kindergitarrenschule
Ricordi-Verlag 1996

Lind, Ekard
Bewegungsausgleich für Musiker
Österreichischer Bundesverlag 1993

Zimen, Eric
Der Wolf
Stuttgart: Franckh-Kosmos-Verlag 2003

Zimen, Eric
Der Hund
München: Goldmann-Verlag 1988

Nützliche Adressen:

Fédération Cynologique Internationale (FCI)
Rue Léopold II Nr. 14
B-6530 Thuin

VDH Verband für das deutsche Hundewesen e.V.
Westfalendamm 74
D-44141 Dortmund

Österreichischer Kynologenverband
Johann-Teufel-Gasse 8
A-1238 Wien

Société Cynologique Suisse
Langgassstr. 8
CH-3001 Bern

Lind-art®-Federation LAF
Rannersdorf 2
A-8092 Mettersdorf
www.ekard-lind.at
E-Mail über Kontakt auf der Website

Hinweise zur Lind-art®-Ausbildung:
Die aktuelle Liste der lizenzierten Lind-art®-Trainer ist auf der Webseite des Autors einzusehen. Dort ist auch Näheres über die Lind-art®-Trainerausbildung zu erfahren: www.ekard-lind.at

Karlie-Lind-Artikel: Die in diesem Buch erwähnten Artikel sind bei KARLIE GmbH hergestellt.
Näheres bei www.karlie.de
oder bei www.ekard-lind.at

Register

A

B

D/E

F

G

H

I/J